Practical
Network
Automation
中文版

使用 Python、Powershell、Ansible
實踐網路自動化

關於作者

Abhishek Ratan 在網路、自動化,以及多項 ITIL 專案上有十五年的經驗,而且在不同的組織中擔任過許多不同的角色,像是網路工程師、安全工程師、自動化工程師、TAC 工程師、技術長,以及專業技術寫手,期間累積了豐富的經驗。Abhishek 同時也對戰略遊戲有很大的興趣,把工作以外的時間都花在玩戰略遊戲上面。

Abhishek 目前任職於 ServiceNow,是一名資深自動化工程師,幫助 ServiceNow 提升自動化的能力。他的經歷豐富,曾待過微軟、賽門鐵克,以及 Navisite 等公司,因此了解許多不同的環境。

我要特別感謝在這本書的編輯團隊,他們協助我修正了許多錯字,並且提醒我在內容上可以再加強的部分。同時也要感謝我的家人,他們給我充足的時間以及支持,本書才得以呈現在各位眼前。

關於審閱

Pradeeban Kathiravelu 是 一 位 開 源 傳 教 士、INESC-ID Lisboa/Instituto Superior Técnico、葡萄牙里斯本大學以及比利時天主教大學的博士研究員,同時也是 EMJD-DC(Erasmus Mundus Joint Degree in distributed computing)的研究員,專門研究在軟體定義網路在多租戶的雲端環境上的服務及數據品質。

他有葡萄牙 Instituto Superior Técnico 以及瑞典 KTH Royal Institute of Technology 的 EMDC(Erasmus Mundus European Master in Distributed Computing)的理學碩士學位,同時也有斯里蘭卡 Moratuwa 大學的一級工程學榮譽學士學位。

他的研究領域涵蓋軟體定義網路(SDN)、分散式系統、雲端運算、網頁服務、生物資訊大數據,以及資料探勘,也對開放原始碼的軟體發展極具熱情,從 2009 年時作為參加者與指導者就開始參與 GSoC(Google Summer of Code)。

他曾經寫過一本關於 Python 網路程式設計指南的書籍,同時也幫 Packt 校稿了兩本有關 OpenDaylight 的書稿。

想特別感謝我在攻讀博士及碩士期間的指導教授 *Luís Veiga*,我在 *Instituto Superior Técnico* 時,他給了我許多指導以及鼓勵。

目錄

前言

網路自動化是利用 IT 來管理並維護日常網路管理功能的好用工具，它在網路虛擬化中扮演了主要的角色。

本書將介紹什麼是網路自動化、SDN，以及多種網路自動化的應用，並包含了在網路自動化時，整合 DevOps 工具來提高效率。本書透過多個不同的網路自動化程序以及資料採樣及回報方法，像是 IPv6 遷移、資料中心遷移，以及網路介面資訊分析，透過這些方式來保持安全性以及提高資料中心的穩定度。本書接著利用 Python 以及管理機器對機器（M2M）通訊的 SSH 金鑰的範例來引導讀者認識 Python，在這部分也會介紹 Ansible 在網路自動化的重要性，包含自動化的最佳實踐、使用不同的工具來測試自動化網路，以及其他重要的技術。

在本書的最後，你將會熟悉網路自動化的各個環節。

本書架構

第一章：基礎概念。介紹如何開始做自動化。

第二章：網路工程師的 *Python*。介紹 Python 以及透過範例來介紹如何使用 Python 來存取網路裝置，以及分析從裝置傳回的資料。

第三章：存取及探勘網路上的資料。介紹如何按照需求提供自助式服務，以及管理容量和資源的方式，同時維持資料中心的安全性及穩定性。

第四章：由網頁觸發的自動化。討論如何藉由自動化框架以及利用自製或動態的網頁服務來管理網路。

第五章：*Ansible 在網路自動化的應用*。解釋如何虛擬化 Oracle 資料庫以及動態的調整，以符合需要的服務層級。

第六章：給網路工程師的持續整合（*Continuous Integration*）概念。讓網路工程師對管理快速成長的網路，並且同時提供高可用性以及快速的災難復原有個概觀。

第七章：有關網路自動化的 *SDN* 概念。解釋如何將你的企業級 Java 應用程式移動到虛擬化的 x86 平台，提高資源利用率以及用更好的方式管理生命週期還有拓展性。

本書會用到的資源

本書會用到的硬體及軟體環境有 Python（3.5 或以上）、IIS、Windows、Linux、安裝 Ansible 的主機，以及 GNS3（測試用）或實體的路由器。

需要網路連線來下載 Python 函式庫。還有，你必須對 Python、網路以及網頁伺服器（像是 IIS）有一些基本的了解。

本書目標讀者

如果你是一名網路工程師，並且正在尋找能夠告訴你如何進行自動化，以及更有效的管理網路的指南的話，這本書很適合你。

本書編排慣例

在本書中，你會發現多種不同的格式，用來提供不同種類的訊息，以下是對於這些格式的一些範例及其意義。文字中的程式碼、資料庫表格名、資料夾名、檔名、副檔名、路徑名稱、URL、使用者輸入，以及推特這幾類，會直接用上下引號框起來，像是：「從安裝過程的目錄中，我們只需要點兩下 python.exe，就能開啟 Python 直譯器」。

程式碼區段會表示如下：

```
#PowerShell sample code
$myvalue=$args[0]
write-host ("Argument passed to Powershell is "+$myvalue)
```

指令的輸入或是輸出會像下面這樣：

```
python checkargs.py 5 6
```

新詞彙或是**關鍵字**會用粗體標示。

 此圖示表示警告或是重要的註解。

 此圖示表示小技巧。

基礎概念

本章介紹網路自動化的基礎，以及幫助讀者熟悉與網路自動化相關的關鍵字。在我們詳細介紹網路自動化之前，需要理解為什麼我們需要網路自動化，以及可以藉由怎樣的概念或是框架，來達到網路自動化，這是很重要的。本章也會介紹在沒有網路自動化時，傳統網路是怎麼操作的，並且展示出網路自動化如何讓網路更有效率及更可靠。

本章涵蓋以下主題：

- 什麼是網路自動化？
- DevOps
- 軟體定義網路
- OpenFlow 的基礎概念
- 基本程式邏輯
- 如何選擇網路自動化的程式語言
- 表現層狀態轉換 (REST) 框架的簡介

網路自動化

自動化的意思，是將對特定程序的理解、解釋、創造的邏輯製作為一種框架。其包含了加強由人為所做的程序，降低錯誤率，使人可以專注在運用框架拓展任務範圍及減少人為疏失。

舉例來說，如果要升級一台 Cisco 路由器，需要許多步驟，像是將映像檔放進路由器、確認映像檔的校驗值、卸載目前運行其上的流量（於生產環境時）、修改啟動參數、利用新映像檔重新啟動路由器。

這麼多步驟只為了升級一台路由器，想像一下，如果有將近千台的路由器需要升級，那將會是什麼情況。

假設升級一台路由器的所有步驟需要 30 分鐘，計算一下將可以得出，要升級一千台路由器的時間就會是 1000 * 30，也就是需要人操作 30,000 分鐘（20 天 20 小時）的時間。

況且，如果一個人要升級一千台路由器，可以想見會有多少錯誤發生。

此時網路自動化就派上用場了，它不但可以同時處理上述的所有程序。更棒的是，如果一台路由器需要 30 分鐘操作的話，1,000 台同時執行也只需要 30 分鐘。

不管你有多少路由器需要升級，在導入網路自動化的之後都只需要 30 分鐘。也同時降低了人為操作的時間，使工程師可以專注於處理升級過程中產生的少數錯誤。

接下來會介紹一些概念、工具以及範例，來幫助你開始建構你的自動化框架，解決網路相關的問題，讓你可以更有效率的管理網路。

我們在此也預設你具有關於網路的基礎概念，以及熟悉網路常用的術語。

同時也預設你對 syslog、TACACS、基礎的路由器設定，像是 hostnames、載入 iOS 映像檔、基本的路由器和交換器概念，以及對 **SNMP** 協定的簡單認識。

DevOps

傳統的網路部門通常都會分成兩個部分，一個是工程團隊，負責利用新技術來設計、加強及最佳化現有網路，這個團隊的責任是對實體的網路進行配線，以及軟體上的設定，使網路可通訊。

另一個是支援部門，或稱為維運部門，確保網路基礎設施是正常運行的，並且負責日常維護，像是升級、快速除錯、處理使用者的網路問題。在傳統架構中，工程部門將會交接給維運部門有關基礎架構的知識。由於部門不同，工程部門通常不喜歡撰寫詳細的文件，使得維運團隊拿不到足夠用來維運的資訊，常導致除錯及修復的過程十分緩慢。這也使得原本的小問題，因為不同部門的想法（或是要達成的目標）有很大的落差，而升級成為團隊之間的衝突。

在現今，引入 DevOps 模型就可以帶給這兩個團隊很大的好處。相對於以往的華麗設計，與其說 DevOps 是種模型，不如說它是一種文化，必須依靠整個團隊來共同達成。在 DevOps 模型中，不管你是來自哪個團隊的工程師，都需要對某個計畫的全部過程負責，這包含了自行創建基礎建設以及自行維護它。這個模型的最大好處在於，由於系統的某部份是你所創建並維護的，你會知道這部分的細節，並且在使用者有新的需求時，可以使這部分運作得更好。當你被稱作 DevOps 工程師時，人們會認為你不但瞭解如何設計，而且負責維運某部份的基礎架構。藉由在 DevOps 中加入自動化技巧，工程師得以用簡單的方式維護複雜的流程，相對於傳統模式而言，工程師可以專注在加強系統可靠度及延展性的部分。

軟體定義網路
（Software-defined networking, SDN）

如同你所知道的，網路裝置種類繁多，像是防火牆、交換器、路由器等等，這些都是由不同的供應商所做的。每個機種或系列都有自己的規格或協定需要遵循，通常我們不會希望一個網路中有太多不同供應商的裝置，如果有多個供應商的裝置在網路中，網路工程師就要致力於使不同網路裝置可以流暢的溝通，不造成任何中斷或意外。像是工程師有時候會遇到，某個路由協定在不同供應商的裝置上，並不能完美的彼此相容，這時工程師就會耗費大量的時間在除錯上，確認是哪個裝置在協定上的支援有問題。而與其耗費時間在除錯上，不如透過網路自動化，讓工程師可以把時間用在增進整體網路架構上。

於是 **SDN** 被引入網路系統中，為了解決類似上述的問題。在 SDN 的情境中，每個資料流都是由中央控制器來定義路徑，這使得不同的網路裝置，也可以透過簡單的建立或定義規則，來確定資料流的方向。這也使得網路工程師有能力，可以完全的控制資料流，甚至可以定義到當某條連線故障時，基於中央控制器上設定好的的政策或是規則，自動地重新轉送資料流。

另一個引進 SDN 的優點是，我們對於網路的重點其實不在裝置上，而是要達成如何最佳化網路的路由以及流量的塑型（如何識別網路流量的最佳路徑）。於是我們必須寫一些軟體來達成這些任務，有一部分的程式是專門為了某個程序或目標所寫的（像是程式中的函式或是方法），這一部分的程式會由中央控制器的決定或規則所觸發，觸發後將會通知這個環境下，不同供應商的所有裝置，使其增加、修改或是刪除一部分的設定，來確保其遵從中央控制器的規則。SDN 也有能力在線路故障或是裝置故障時，把失效裝置獨立，不讓失效裝置影響到現實流量。舉個例子，交換器在接收到它不知道目標網路在哪裡的封包時，它可以對中央控制器發出查詢請求。在傳統網路上，以上面的狀況而言，交換器通常會直接丟棄封包，或是發出未知路由的訊息給使用者，但在 SDN 的架構下，尋找路徑的程序是由中央控制器所負責，它必須告知交換器這個流量該如何往正確的路徑傳遞。

這使得除錯變得更簡單了，因為網路工程師對每個路徑或資料流有完全的控制權，這跟以往各供應商所採用的的專屬協定有很大的差別。更棒的是，由於我們現在採用的是標準化的協定，我們可以移除現有的昂貴網路裝置，採用支援此標準化協定的裝置來取代。

OpenFlow

OpenFlow 是不同供應商在溝通資料流所使用的溝通協議。這個標準是由 **Open Network Foundation**（**開放網路基金會**，也可寫作 **ONF**）組織所維護。OpenFlow 是結合了不同的 **ACL** 及路由協議，用來控制在網路層中的資料流。

OpenFlow 裡主要由兩元件所組成，分別是中央控制器以及交換器。中央控制器用來決定資料流在不同的裝置之間要如何傳遞，建立資料流在裝置間的路徑，而交換器（或網路裝置）是由中央控制器控制的，中央控制器會動態的調整資料流在交換器間的網路路徑。

總的來說，OpenFlow 中央控制器控制的是資料流在 OpenFlow 交換器間的傳遞表，資料流比對到規則後，中央控制器就會對交換器下指令，要求交換器修改、新增、刪除傳遞表中的項目。

OpenFlow 的協定本身是使用 TCP 6653 埠，在撰寫這本書時，OpenFlow 已經發展到了 1.4 版，而且被廣泛的使用在 SDN 框架。由於 OpenFlow 是個獨立的協定，設備供應商常將 OpenFlow 包裝到自己的設備中，作為另一個獨立服務來運作。這也確保了資料的傳遞依然是交換器的工作，而 OpenFlow 的中央控制器則負責指揮資料如何在這些交換器之間流動，通常也稱之為控制層。作為 SDN 框架的一部分，如果有交換器接收到它不知道要送往哪裡的資料，它會跟 OpenFlow 中央控制器溝通並獲得該資料流的路徑。中央控制器是基於預先配置好的邏輯，來決定上面的資料是否有其獨特的路徑，或是要另外創建一條新的路徑來傳遞資料。由於上面的邏輯很簡單，這也是為什麼 OpenFlow 協定會被廣泛的使用在 SDN 架構中。

程式概念

如果要開始製作屬於自己的自動化程序，我們需要了解什麼是程式，以及如何寫出程式。

簡單來說，程式就是一連串的動作，用來告訴系統做一些特別的工作。這一連串的動作是基於我們現實生活曾遭遇的挑戰或工作，來將其設計為自動化的方法。小一點的程式，像是結合了安裝、部署，以及根據所在環境進行設定。我們會討論到來自 PowerShell 或是 Python 的一些概念以及程式技術。這兩個是目前熱門的腳本型語言，可以快速的使用在自動化上。

以下有一些概念，在建立程式時會使用到：

- 變數
- 資料類型
- 邏輯判斷
- 迴圈
- 陣列
- 函式
- 最佳實踐

變數

這是種以人類可讀、可以理解的字詞預先定義的,用來儲存資料。在最基礎的程式中,我們需要利用變數來儲存資料或資訊,而基於變數的內容,我們可以用來實現我們程式所需要的邏輯。如同我們在本段剛開始看到的,在創建變數名稱時,很重要的部分是變數名稱的可讀性及可理解性。

舉個例子,假設我們想要把數字 2 存在變數中,我們該怎麼定義變數的名稱?

　　選項一:x=2
　　選項二:number=2

正確的答案應該是選項二,我們可以從變數名稱(number)就知道內容包含了數字。我們可以在之後的範例中理解到,如果我們隨便命名變數,在程式規模變大時,會因為變數名稱的混淆,增加了程式的複雜度,以及降低程式的可維護性。

不同的程式語言有不同的方式來定義變數,在這之間相同的是,在寫程式時,變數名稱都應該將可讀性列為命名時的第一要務。

資料類型

如同在上一節變數的範例,我們可以在變數中儲存不同類型的資料。一個變數可以在宣告時,被定義來儲存特殊型態的值。

資料類型有很多,我們目前需要了解的有下列幾種:

- **字串:**這是個 catch-all 的資料類型。任何資料被儲存成變數型態,表示這個內容是英文字元,可列印字元或任何特殊字元。我稱它為 catch-all 資料型態是因為,幾乎所有其他的資料類型都可以被轉換成字串型態做儲存,而且仍然保有原來的內容。

思考一下以下的範例：

```
number=2
```

這定義了一個名稱為 number 的變數，其內容為 2。

相同的，如果我們定義以下的變數：

```
string_value="2"
```

變數名稱簡單的說明我們把 2 用字串型態來儲存。

- **整數：**這種資料型態特別用來儲存數字，但需要注意的是，儲存在裡面的數字不能包含小數點。

  看一下這個範例：

```
integernumber=2
```

這定義了一個變數名稱叫做 integernumber 的變數，把數字 2 儲存在其中。

以下提供一個錯誤的範例：

```
integernumber=2.4
```

這個宣告在某些程式語言會造成錯誤，因為整數變數不能包含小數點。

- **浮點數：**這種資料型態移除了我們剛剛在整數裡看到的限制，表示我們可以儲存有小數點的數字在這種變數中。

- **時間日期：**這種型態在許多現代的腳本語言裡都會出現，這種類型確保存在裡面的值可以用時間日期的型態被儲存或讀取。在我們在程式中需要儲存時間日期、或對時間日期做運算時十分有用。舉個例子，如果我們需要找出在路由器中最後七天的記錄，此時這種類型就能派上用場。

邏輯判斷

對程式來說，邏輯判斷是十分重要的元素，它用來定義程式的流程要如何進行。如同字面上的意義，邏輯判斷用來決定在特定的條件下，是否需要做某些動作。

簡單來說，如果你想買冰淇淋，你會去冰淇淋店，而想喝咖啡時會去咖啡店。在這種狀況下，判斷條件就是你現在想要的是冰淇淋還是咖啡。要採取的動作就取決於你想要的結果，你會去某一個特定的店。

邏輯判斷，有時也被稱為**條件**，在不同的腳本語言時會用不同的方式來定義，但條件的執行結果將會影響程式之後的流程。

總的來說，在條件裡，會同時比較兩到三個值，而程式會回傳判斷結果為真或是假。取決於判斷所回傳的值，程式會執行特定的動作。

思考一下以下的範例：

```
條件：
如果 (2 大於 3)，就
      執行選項一
不是的話
      執行選項二
```

如同我們在範例中看到的，條件是比較 2 有沒有比 3 大，有的話程式就會跑去執行選項一，如果條件不符合的話，也就代表 2 沒有大於 3，選項二就會被執行。

如果我們想要再複雜一點，我們可以加入多個邏輯判斷式，或是條件在程式中。

像是下面的範例

```
如果 (車子是紅色的)，就繼續執行
  如果 (車子是自排車)，就繼續執行
    如果 (車子是四門轎車)，就繼續執行
      選項一 (把這台車買下來)
    不是的話 (選項二，問銷售商有沒有四門轎車)
  不是的話 (選項三，問銷售商有沒有自排車)
不是的話 (選項四，問銷售商有沒有紅色的車)
```

從上面的範例可以看到，我們可以加入一些簡單的檢查來達成複雜的條件。在這個例子裡，我想要買一台車，車子是紅色的自排車，而且要是四門轎車，如果有任何條件不符合，就會問銷售商來達成需求。

另一件值得注意的是，剛剛的例子裡，邏輯判斷是設計成巢狀的，巢狀的意思是裡面的子條件被執行之前，要先滿足外層的父條件才可以。在使用巢狀判斷時，通常會搭配括號或是縮排來使用，增進程式碼的可讀性。

有時候我們並不需要同時滿足多個條件，只需要確認變數的值來判斷需要執行什麼動作，有個簡單的判斷叫做 **switch** 就是用來做這件事情的。

舉個例子：

```
Carcolor="Red" (定義值為"Red")
switch (Carcolor)
Case (Red) (執行 動作1)
Case (Blue) (執行 動作2)
Case (Green) (執行 動作3)
```

在這個例子裡面，我們根據 Carcolor 變數裡面的值來決定需要執行哪個動作，以本例而言，它會執行動作1。但如果我們將 Carcolor 的值改為 Blue，就會執行動作2。

另一種重要的條件判斷叫做「比較」，像是比較兩個值──A 和 B 是相等，或是 A 大於 B，或是 A 小於 B，或是 A 不等於 B。取決於我們所使用的比較方法，出來的結果可能會非常不同。

舉個例子：

```
greaternumber=5
lessernumber=6

if (greaternumber 'greater than' lessernumber)
執行 動作1
else
執行 動作2
```

在範例中，我們使用兩個變數──greaternumber 和 lessernumber，作為判斷條件來使用。在範例中我們使用「大於」這個比較方法。如果比較的結果為真的話，動作 1 將會被執行，表示 greaternumber 裡面的值比 lessernumber 裡面的值還大，如果比較的結果為假的話，動作 2 將會被執行。

除了比較運算之外，我們還有「邏輯運算子」，像是 AND、OR、NOT，我們可以使用邏輯運算子結合多個比較結果用來做判斷。邏輯運算子借用了同義的英文單字，像是，如果我們希望條件 1「以及」條件 2 都要被滿足，我們可以使用 AND 運算子來達到這點。

舉個例子，如果我想要買一輛「四門」、「紅色」的「汽車」：

```
if (car is 'red') AND (car is 'automatic') AND (car is 'sedan')
Perform action 'buy car'
else
Perform action 'do not buy'
```

上面的範例，必須要全部的條件都達到，我們才會買這輛車，只要任何一個條件不符合，像是如果車子是藍色的，我們就會執行「不買」的動作。

迴圈

程式中的迴圈，就如同字面上的意思一樣，是用來反覆執行同樣的動作，換句話說，如果我一次只能拿一球冰淇淋，而我想要五球的話，我們會重複去冰淇淋店購買一球冰淇淋的這個動作，重複五次來得到五球冰淇淋。以程式術語來說，我們需要執行一組一樣的動作很多次，這就叫做迴圈。

我們常常使用變數來控制迴圈，執行某個動作，直到變數達到我們所需要的狀態為止。

舉個例子：

```
從 1 開始跑迴圈，直到迴圈被執行 6 次
每跑一次迴圈就將值加 1：
執行迴圈時要跑的動作
```

接著我們來拆解這個迴圈，這裡面包含了三個部分：

1. 從 1 開始跑迴圈：這代表我們在初始化迴圈時，設定值為 1。

2. 直到迴圈被執行 6 次：代表我們要跑同一組動作，直到這組動作被值執行 6 次。

3. 每跑一次迴圈就將值加 1：代表我們每跑完一次動作，就把迴圈值增加 1。

當迴圈被執行完畢時，代表我們想要執行的動作被執行了六次。迴圈可以使用任何種類的變數來作為條件，不管是整數、字串或是其他資料型態。

陣列

陣列有時候被稱作列表，是用來把相同型態的多個值，儲存在一個變數之中。這對於我們在撰寫腳本時很有幫助，我們可以確保這個變數之中的值都是相同的類型，並且所代表的意思相近，方便我們用迴圈來取得並執行陣列中儲存的所有值。

思考以下範例：

```
countries=["India","China","USA","UK"]
for specific country in countries
 Perform action
```

從變數的命名我們就可以知道要存的是城市名稱，裡面儲存的不管是資料型態或是資料的內容都是相似的，而我們將這些城市名稱儲存到同一個變數中。第一行程式宣告了一個變數名稱叫做 countries，它是一個陣列，裡面儲存了四個城市的名稱。第二行程式，我們利用迴圈來將 countries 變數裡面的每一個城市名稱取出來執行下面的動作。從 India 一直執行到最後的 UK。

每個被儲存到陣列中的值都可以對應為陣列中的一個元素，而陣列可以用裡面的元素來做排序，排序過後的陣列可以被程式的其他部份使用。

舉個例子：

```
countries=["India", "China", "USA","UK"]
Sort (countries)
```

執行完排序的結果會是：

```
countries=["China","India","UK","USA"]
```

排序函式會依照字母順序來排。

函式

函式（或是稱作 method 方法）是一組預先寫好的程序，用來執行特定的動作。它可以利用一個名稱來取代一群指令的集合，簡化我們常用到的一連串操作。

舉例來說，如果有個函式叫做 driving（開車），開車這件事牽涉到很多行為，例如需要注意交通號誌、需要發動引擎，以及開到路上後需要注意其他車輛狀況等等事情。

這些動作可以被寫成一個函式叫做 driving，假設我們有兩個乘客，就叫他們小許和老陳好了，他們都想要開車，從程式的角度來說，只要我們定義過一次函式，之後就可以在我們要執行相同動作時，呼叫這個函式就可以執行函式中所定義的一連串動作。在這個例子裡，我們可以呼叫函式 driving（小許），還有呼叫 driving（老陳），程式會確保這兩個人透過函式做完一切定義好的開車的步驟。

再舉個例子：

```
countries=["India","China","USA","UK"]

function hellocountry(countryname)
 Return "hello " countryname

for each country in countries:
     hellocountry(each country)
```

在第一行，我們定義了一個陣列，裡面放置了國家名稱作為元素，接下來定義了一個函式 hellocountry，並且定義了一個輸入值為 countryname，可以看到這個函式做的動作很簡單，就是把 "hello" 接著國家名稱之後輸出在螢幕上。

剩下的步驟就是一個一個將陣列中的國家名稱拿出來，放到函式的輸入值裡面來執行。可以從程式碼中看到，我們對於每一個國家名稱都呼叫了一樣的函式，而函式接受了輸入值之後，為每個輸入值執行設定好的動作。

最佳實踐

我們看完了一部分程式設計的關鍵概念後，還有一件非常重要的事情要注意，那就是，如何寫出一個好程式？

從電腦的角度來看，它並不知道程式到底是怎麼寫的，機器就是忠實的執行所有寫好的程式或語法，確認所有語法都可以正常的被執行而已。對於使用者來說，程式怎麼寫的並不是他們關心的重點，使用者只希望得到他們期待的結果。會關心程式到底是怎麼寫的大概只剩下程式設計師，或是需要解釋程式如何運作的開發者了。

對於程式設計師需要知道別人的程式是怎麼寫的，這會有很多原因，可能是它需要的程式碼沒有辦法好好地運作，或是需要藉由別人的程式碼來加強自己程式的功能，除此之外的最大原因大概就是除錯了，因為這段程式沒有辦法達到它所需要的效果。

每個程式設計師通常都有自己的最佳實踐，大致上可以分為程式可讀性、支援資訊、縮排這三大類。

程式可讀性

程式可讀性對於在寫好程式的時候來說，是最重要的一個項目，程式必須寫到讓外行人，或是第一次讀你程式碼的人可以清楚地知道你的程式大致上在做什麼。

變數名稱需要清楚的定義，來知道這個變數是用在哪裡，用來做什麼用的：

```
x="India"
y="France"
```

這個範例可以寫得更好：

```
asiancountry="India"
europecountry="France"
```

讓我們看下一個例子：

```
x=5
y=5
```

這個例子可以被寫得更好，像下面這樣：

```
biggernumber=5
smallernumber=2
```

在前面的例子中可以看到，如果只寫個兩三行的程式，我們可以隨意地對變數來命名，甚至是 a、b、c 這種含糊不清的方式，但當你在比較長的程式碼中繼續利用這種變數的命名方式，很快地就會讓你的程式複雜度上升。想像你只用一個英文字來命名變數，當變數的數量達到了 10 個或是 15 個以上時，你得常常回去確認這個變數到底代表的是什麼意思，會耗費大量的時間。

另一個寫出好程式的重點是善用註解，不同的程式語言提供了不同的方式來為程式碼加上註解。這對於我們了解程式裡面的流程是非常重要的，我們可以在程式的每一段加上註解，讓需要的人可以更容易理解這段程式碼的用途。

舉例來說，你在宣告函式名稱時，一個函式名稱叫做 Cooking，而另一個函式名稱叫做 CookingPractice，在這種狀況下，函式名稱起不了它的作用，因為由函式名稱看不出來這兩個到底區別在哪裡。現在讓我們為函式加上註解，在註解裡面寫到，Cooking 函式是**用來向大師學習做菜的**，而 CookingPractice 函式是**用來自己練習做菜的**，這時候你就會對這兩個函式有一定程度的理解。

程式設計師現在可以很容易的知道，當他要練習做菜的時候，需要呼叫 CookingPractice 函式，而不是 Cooking 函式。註解對於程式來說完全不具任何意義，當它們在執行的時候會被忽略掉不執行。由這邊我們可以知道，註解只會對程式設計師或是需要閱讀這份程式碼的人產生它的用途，註解應該被寫在任何一個複雜的條件、迴圈等等的部分，用來確認這個條件或迴圈的用途究竟是什麼。

支援資訊

由這個名稱可以知道，這個資訊也跟註解一樣，對程式執行的時候來說會被忽略掉，通常會利用註解的方式，寫入包含了這個程式的相關資訊和目的，以及程式的作者是誰之類的訊息。一般來說，在支援訊息的部分至少要放上作者資訊，也就是一開始創造這個程式的人、電話或是電子郵件的聯絡方式，程式的目的和程式的版本等等。

通常再加上版本資訊的時候，我們會從 1.0 開始，而每次加強了程式的功能或是加入新的功能，會將版本提升到 1.1（小變動），或是直接把版本升級到 2.0（重大變動）。

舉個例子：

```
Program start
Comment: Author: Myself
Comment: Contact: myemail@emailaddress.com
Comment: Phone: 12345
Comment: Version: 1.0
Comment: Purpose: This program is to demo the comments for support info
Comment: Execution method: Open the Command Prompt and run this program by
calling this program.
Comment: Any extra additional info (if needed)

Program end
```

從支援資訊的部分，可以確保每個人都知道它的最新版本以及如何執行這支程式，這裡也包含了作者資訊，當程式有問題或是被弄壞的時候，可以很輕易的跟作者聯繫，知道如何修復它。

縮排

縮排跟我們在寫文章時很相似，而縮排在某些程式語言是有其強制性的，不像最佳實踐只是建議你遵守而已。縮排也是提供程式可讀性的方法之一，因為縮排可以幫助程式設計師可以輕易地讀懂程式的流程，幫助它們更好地理解程式。

接下來，看一些範例。當我們有個巢狀條件，用來檢查車子是不是符合「紅色」、「四門」、「自動」這幾個條件。

不好的程式碼會寫成像下面這樣：

```
if (Car is 'Red')
if (Car is 'Sedan')
if (Car is 'Automatic')
do something
```

現在，讓我們想像這段程式碼如果出現在大程式中，你會很容易搞混這裡到底想判斷什麼。

比較好的，或說比較建議的寫法會像這樣：

```
if (Car is 'Red')
    if (Car is 'Sedan')
        if (Car is 'Automatic')
            do something
```

由例子可以看到，縮排讓我們很清楚地知道判斷流程，首先確認車子是不是紅色的，不是的話就不用確認其他條件，也就是剩下其餘在巢狀條件內的部分。

縮排在你為一個大程式除錯時尤其重要，可以讓你對程式流程判斷的部分看得更清楚，不容易搞混程式的各部分，更快的找到錯誤所在的地方。

最佳實踐範例

以下列出一些使用上面所提到的最佳實踐範例，建立一個簡單的程式。

程式目標：分析所有儲存在陣列中的國家名字，只印出國家名字中含有字母 I 或是 U 的國家。

```
Program begin:

Comment: This is a sample program to explain best practice
Comment: Author name: Programmer
Comment: Email: Programmer@programming.com
Version: 1.0

Comment: The following section declares the list of countries in array
countrylist
```

```
countrylist=['India','US','UK','France','China','Japan']
function validatecountryname(countryname)
   Comment: This function takes the input of countryname, checks if it
contains I or U and returns value based upon the result.
   if ((countryname contains 'I') OR (countryname contains 'U')
        return "Countryname contains I or U"
   else
        return "Countryname does not contain I our U"

Comment: This is a loop that parses each countryname from the countrylist
one by one and sends the variable 'countryname' as input to function
validatecoutryname

foreach countryname in countrylist
     validatecountryname (countryname)
Comment: Program ends here
```

這段程式寫得很清楚，只要看流程就可以知道目的，但就算這樣，作者資訊、email 等等還是很重要的輔助資訊，縮排也確保了所有讀者都能清楚知道程式的流程。

變數的清楚命名也對於了解很有幫助。在範例中，每個變數以及函式的命名，都清楚地指出它的用途，而註解在這邊也發揮了它的作用，讓我們可以更理解各段程式的用途。

程式語言選擇（Python/PowerShell）

我們在上面的部分學會了如何撰寫程式，以及寫程式的最佳實踐，接下來我們來看可以用來做自動化的兩種程式語言。對於腳本型語言跟其他的程式語言（像是 C 跟 C++）的最大不同，在於腳本語言並不需要編譯，而是透過所在環境的直譯器來執行，換句話說，腳本語言在執行時是逐行地當場從人類可讀的形式，轉換到機器可讀的形式。而其他程式語言需要編譯，而且對於不同環境需要編譯多次，得以執行在不同的平台上。

也就是說，如果我們是寫腳本語言，像是 Python、PowerShell 甚至是 Perl，會需要先安裝好對應該語言的直譯器，才有辦法執行我所寫的程式。而 C 或是 C++ 由於經過了編譯，可以直接執行，不需要透過其他程式。

舉例來說，在腳本語言宣告變數會像是：

```
x=5
```

或是

```
x="author"
```

或是

```
x=3.5
```

而在其他程式語言，同樣的宣告看起來會像是：

```
integer x=5
String x="author"
Float x=3.5
```

變數型態會取決於我們想要儲存到變數中的值，腳本語言會自動幫我們決定變數的型態，而程式語言在宣告的時候就必須決定變數型態。以範例來說，如果我們宣告變數型態是字串，這表示我們不能儲存不是字串型態的值到這個變數當中，除非我們修改變數的型態。

目前熱門的腳本語言有三種，分別是 Perl、Python 以及 PowerShell，這三種都常被使用在自動化腳本上。

Perl 是最老的腳本語言，目前使用的人越來越少了，取而代之的是 Python，由於其開源與易用的特性受到歡迎，還有 PowerShell，由於在微軟以及 .NET 的環境中的支援性很好。這兩種程式語言不好拿來比較優缺點，因為它們使用在不同環境中會有很大的差別。由於目前仍然有超過七成的電腦仍然在跑 Windows，而且 Azure 的雲端平台系統也是微軟做的，自然對使用這些平台及 .NET 的使用者來說，PowerShell 會比較容易使用。而且我們使用 PowerShell 來撰寫的話，轉換到其他也是跑 Windows 的機器就會省下不少麻煩。

接下來談談 Python，由於 Python 開源的特性，越來越多人開始使用 Python，使 Python 變得越來越熱門。全世界有數千個開發者為了 Python，貢獻他們的程式碼用來加強 Python 或是為 Python 加入新的功能。舉例來說，有個函式庫叫做 Paramiko，是為了協助登入路由器所創造的，可以用來登入許多不同廠商和作業系統的路由器，像是 Cisco iOS 或是 Cisco NXOS 等等。當你要執行 Python 腳本之前，必須先安裝好 Python 才會執行成功。

接下來我們主要會關注在利用 Python 實現我們所需要的程式，當然我們也會解釋如何利用 PowerShell 來達到一樣的技巧或是功能。

撰寫第一個程式

讓我們開始撰寫第一個程式吧，首先我們需要瞭解如何撰寫，之後才是執行我們撰寫的程式。對 PowerShell 來說，它在 Windows 上預設就已經安裝好了，但是 Python 的話，我們需要去 Python 的官方網站（https://www.python.org）下載 Python 並安裝，它才能跑在我們的系統上。下載的時候，記得要選對你的作業系統版本。

在 Linux 機器上，也跟上面的狀況差不多，不過這次換成了需要下載的是 .NET 的環境，才有辦法執行 PowerShell。因為這樣，在 Linux 環境中，大多數人會採用 Python 或是 Perl 來當作他們的腳本語言。

不管是 Python 或是 PowerShell 都有很多種**整合開發環境（IDE）**可以選擇，通常程式語言也會帶上自己的整合開發環境，通常也還夠用。

Python 或是 PowerShell 都有很多種版本，當你用比較新的版本在撰寫時，通常需要注意一下向後相容的問題，所以確保你要執行的環境所安裝的程式語言版本很重要，會降低很多查找問題的機會。

以這本書撰寫的時候來說，PowerShell 4 跟 Python 3 是最新的版本，有些指令可能不被舊版的 PowerShell 或是 Python 所支援，或是傳入的參數跟新版的會不一樣，必須要特別注意。

PowerShell 的整合開發環境

你可以藉由點擊**開始**按鈕，並搜尋 **Windows PowerShell ISE**，點擊啟動後，預設畫面會像是這樣：

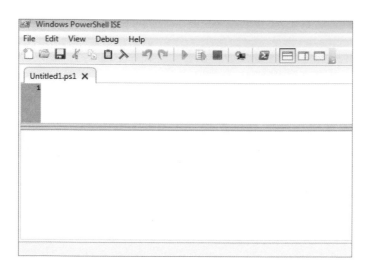

如同我們在圖中看到的，PowerShell 腳本的副檔名被存為 `.ps1`，當我們在整合執行環境（在 PowerShell 稱為 ISE）寫完程式，需要替你的程式取個檔名，像是 `somefilename.ps1`，之後執行程式來觀察結果。

讓我們寫個叫做 `Hello World` 的程式：

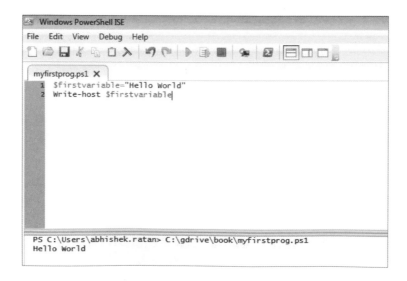

- 如同我們在第一支程式所看到的，我們用了兩行程式碼來印出 Hello World。在 ISE 中，我們先宣告了一個變數（變數是使用錢字號來宣告的，將錢字號放在你想要的變數名稱之前），並指定了儲存的值是 Hello World。下一行呼叫了 Write-host 函式來將傳入的變數字串輸出到螢幕上，Write-host 函式是用來將你所想要的東西輸出到螢幕上使用的函式。

- 當我們寫完這個程式的時候，把它儲存起來，稍後我們會用來執行，並觀察程式執行的結果。

- ISE 頂端的綠色按鈕是用來執行程式使用的，而執行的結果會顯示在下半部的螢幕上。以這個例子來說，它會在底下顯示 Hello World。

PowerShell 程式也可以從命令列被執行，我們可以直接在命令列呼叫 PowerShell 並執行這個程式，或是在 PowerShell 的提示列執行 PowerShell 支援的其他命令。

下面展示了如何取得 PowerShell 的版本資訊：

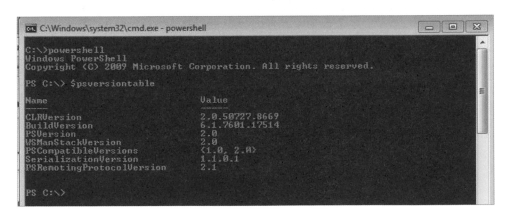

我們在上圖可以看到，需要使用 PowerShell 的時候，可以直接在命令列輸入 powershell 呼叫出來，當 PowerSehll 開始執行後，我們可以看到命令列的提示字元變成了 PS，這可以用來確認我們現在正在 PowerShell 環境中。為了確認版本，我們呼叫了一個系統變數 $psversiontable，裡面儲存了 PowerShell 的版本資訊。

我們可以看到目前的版本是 2.x（觀察 CLRVersion），系統變數是一組特殊的變數，當安裝的時候就已經被預先定義好了。這些特殊的變數可以在任何時候被呼叫，用來在我們的程式中取得特殊變數的值，判斷後執行不同的動作。

下圖展示了新版本的 PowerShell 顯示的狀態：

```
C:\>powershell
Windows PowerShell
Copyright (C) 2014 Microsoft Corporation. All rights reserved.

PS C:\> $psversiontable

Name                           Value
----                           -----
PSVersion                      4.0
WSManStackVersion              3.0
SerializationVersion           1.1.0.1
CLRVersion                     4.0.30319.42000
BuildVersion                   6.3.9600.18728
PSCompatibleVersions           {1.0, 2.0, 3.0, 4.0}
PSRemotingProtocolVersion      2.2


PS C:\>
```

如同我們在圖中看到的，在同樣的變數中，回傳 PSVersion 的值是 4.0，於是我們就可以確認現在執行的 PowerShell 版本是 4。

PowerShell 4.0 是在 Windows 8.1 及 Windows Server 2012 R2 中預設安裝的版本。

Python IDE

如同剛剛介紹的，Python 在安裝完之後也有自己的 IDE，你可以在**開始**選單尋找 IDLE（Python）來找到它：

```
Python 3.6.1 Shell
File  Edit  Shell  Debug  Options  Window  Help
Python 3.6.1 (v3.6.1:69c0db5, Mar 21 2017, 17:54:52) [MSC v.1900 32 bit (Intel)]
 on win32
Type "copyright", "credits" or "license()" for more information.
>>> |
```

Python 的 IDE 叫做 IDLE，執行起來的樣子就如同圖中所顯示的一樣，可以在視窗的標題列中看到 Python 的版本，以這個例子來說，我們看到的是 3.6.1，在下面可以看到有三個大於符號顯示在命令列中，這代表了 Python 準備好接收輸入在視窗中的指令並執行。為了寫程式，我們點擊 **File | New File**，它會開啟記事本讓我們可以撰寫程式。

讓我們看一下同樣的 Hello World 程式在 Python 裡面要怎麼寫：

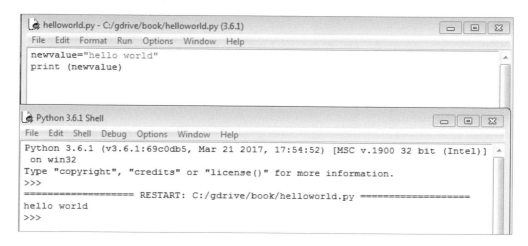

我們在新程式中用的變數名稱叫做 newvalue，而在這個變數中我們指定儲存在裡面的值是 hello world，程式的第二行是呼叫 Python 的 print 函數，用來將變數中的值印出來。

當我們把程式寫完之後，點擊 **File | Save As** 來儲存我們寫好的程式，將這個程式命名為 filename.py，副檔名 .py 是用來表明這個檔案是 Python 程式用的。存檔完畢之後，我們可以按鍵盤上的 *F5* 鍵，或是點擊 **Run | Run Module** 來執行這個程式，程式的執行結果會在剛剛我們打開的 IDLE 介面裡顯示出來。

可以看到在 IDLE 介面中顯示了 hello world，當我們寫完程式後，可以直接把打開的視窗關掉，以關閉程式或是 Python 直譯器。

跟 PowerShell 一樣，我們也可以從命令列來執行 python，如下圖：

```
C:\Windows\system32\cmd.exe

C:\>
C:\>python
Python 3.6.1 (v3.6.1:69c0db5, Mar 21 2017, 17:54:52) [MSC v.1900 32 bit (Intel)]
 on win32
Type "help", "copyright", "credits" or "license" for more information.
>>> print ("hello world")
hello world
>>> exit()

C:\>
```

唯一需要注意的是，要離開 Python 直譯器時，必須呼叫 exit() 函式，這可以停止 Python 並退出到 Windows 的命令列視窗。

表現層狀態轉換 (REST) 框架

對於網路自動化的一個重點，是理解並利用現有的工具來執行任務。舉例來說，我們可能正在用 Splunk 做資料探勘，用 SolarWinds 做網路監控，或是用 syslog 伺服器或任何客製化的軟體來做其他工作。

另一個重點是，如何利用現有的程式來做出相同的功能，避免特地修改程式來迎合網路自動化的需求。換句話說，假設我們買了輛車給自己用，我們希望還可以用同一台車來當作計程車或是可以同時有其他功能。

接下來我們要談到 **應用程式介面（API）**，這是讓已經寫好的程式暴露出一部分的接口，方便其他程式可以呼叫該程式，可以更容易的利用 API 來執行特定的工作。舉例來說，我們可以呼叫 SolarWinds 的 API 來取得網路裝置的列表，並且運用在我們的程式中。這也就是說，我們不需要自己寫出取得所有網路裝置列表的程式，而是交給 SolarWinds 來做，我們只需要呼叫 API 就可以取得我們所需要的資訊。

深入一點來說，API 可以看成一個函式（跟我們先前在撰寫腳本時，所介紹的函式有點像），差別在於回傳值的格式不同。API 函式通常會回傳的是**可延伸標記式語言**（**XML**）或是 **JSON** 格式，這兩種格式是目前跨環境及跨機器的資訊交換標準。這就像是我們通常會用英文當作溝通時候的共通語言一樣，相同的，不管程式是用哪種語言（像是 C、C++、Java、VB、C# 等等）寫的，程式間都可以利用 XML 或是 JSON 來溝通或是得到結果。

XML 是用來編碼結果並傳輸到需求者的標準，當需求者接收到之後，可以運用同樣的方法來解碼，得到需要的結果。JSON 是另一種用來在不同應用程式之間交換資料的標準。

下面是 XML 的範例：

```
<?xml version="1.0" encoding="UTF-8"?>
<note>
  <to>Readers</to>
  <from>JAuthor</from>
  <heading>Reminder</heading>
  <body>Read this for more knowledge</body>
</note>
```

第一行是用來宣告這個檔案內包含的是 XML 格式的資料，並且儲存成副檔名 .xml。

如同我們可以看到的，如果先算出目前 XML 的字元數，當我們另外加入一個元素，像是 <heading>Reminder</heading>，可以看到這包含了開頭以及結束的 <heading> 標籤，這表示 XML 的檔案會由於這些多餘的關閉標籤，在標籤數量增加的時候，檔案大小也會急劇的增加。

底下是 JSON 的範例：

```
{
 "note": {
 "to": "Tove",
 "from": "Jani",
 "heading": "Reminder",
 "body": "Don't forget me this weekend!"
 }
}
```

在 JSON 的例子中可以看到，它跟 XML 比起來，少掉了許多開頭和結尾的標籤，這也表示了如果用 XML 格式來傳送大量的資料的話，會需要比較多的記憶體和儲存空間來暫存或是永久保存這些資料。相對於 XML 的狀況，由於 JSON 的輕量化，目前被視為取代 XML 用來在 API 間交換資料的主要選項，JSON 的副檔名會被命名為 .json。

這些由許多 API、後端程式及函式所組成的做特定工作的程式都可以統稱為 API，通常會以 XML 或是 JSON 的格式回傳值，而這些 API 會跑在像是 HTTP 或是 HTTPS 這類的網頁協定上，以上所講到的部分組合起來，可以稱之為 REST 框架。

REST 框架是種通用的標準，通常是以先前提到的 XML 或是 JSON 格式來做資料交換，使用網頁協定的時候，會以不同的請求，如 GET、POST 或其他 REST 框架可以接受的方式來發出請求，這跟 HTTP 發出請求的方式很像，HTTP 的請求也是有 GET、POST 等等，接著就是應用程式接收請求後，做出相對應的動作。

腳本語言使用的時候相當倚賴 API 呼叫，而應用程式需要提供 REST 框架所需要的 API 函式，來確保程式所提供的儲存或是提取資料的功能，可以被其他程式呼叫到。這樣的好處是，你可以在不知道對方所使用的語言和環境下做到跨平台的溝通（透過呼叫 API 或是提供 API 的程式）。這也使得 Windows 與 Linux 的應用程式可以藉由 HTTP 協定來呼叫彼此的 API，並透過 XML 或是 JSON 格式來做溝通。

PowerShell 的簡單版 REST API 呼叫範例如下：

如同我們在圖中所看到的，我們在 PowerShell 中呼叫了 `Invoke-RestMethod` 函式，這個函式預設是以 JSON 格式來做 API 的溝通及互動格式。

這個程式使用了 REST 框架，並提供了 API 介面，可以透過網址（`https://blogs.msdn.microsoft.com/powershell/feed/`）來做存取，在這邊我們採用的是 HTTPS 協定來跟程式做溝通。

在圖中可以看到一個函式是 `format-table`，這是函式 PowerShell 所提供的，用來將每個紀錄或結果的標題輸出到螢幕上。如果沒有使用這個函式，所有回傳的紀錄或結果都會顯示到螢幕上。

下圖是 Python 的 REST 呼叫範例：

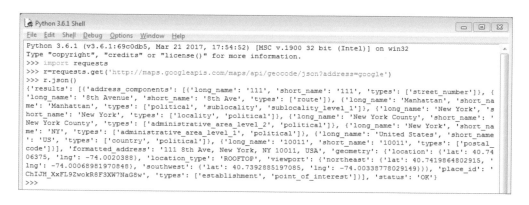

從範例中可以看到，我們引入了 `requests` 這個標準函式庫，在第一行的 `import requests`，表示之後在 Python 程式碼中會使用到 `requests` 這個函式庫。而在第二行，使用 `requests.get` 呼叫了 Google Map 的 API，並且從後綴可以看到我們期望傳回的是 JSON 格式。得到結果之後，我們利用 `json` 函式來將驗證儲存在變數 `r` 裡面的值是否為 JSON 格式。

有時候我們使用 `import` 來引入自定義的函式或是函式庫時，它會拋出找不到模組的錯誤訊息。這代表所希望引入的函式庫並不在標準函式庫的範圍之內，需要額外安裝。要解決這個問題，可以使用 `pip` 或是 `easy_install` 指令來手動安裝，之後的章節會介紹這兩個指令。

結語

本章介紹了許多有關網路自動化會使用到的基礎知識，以及一些基本程式邏輯。

本章也介紹了如何寫出一個好的程式，並提供了許多撰寫腳本語言的參考範例。同時也介紹了現在流行的兩種腳本語言（Python 和 PowerShell）、它們的基礎用法，以及基本的程式邏輯。

在本章的最後，我們介紹了 REST 框架，並且討論到何謂 API，如何呼叫它，並且介紹了 XML 和 JSON 這兩種資料交換格式。

在下一章，我們會更深入地講解如何撰寫 Python 腳本，並提供 PowerShell 範例來協助讀者同時熟悉這兩種語言。

網路工程師的 Python

我們現在瞭解如何用程式語言來寫程式了,如同最佳實踐說的,我們現在可以開始撰寫符合我們需求的 Python 程式或腳本。把焦點放在如何利用 Python 來寫程式,我們也會看如何利用 PowerShell 來寫相同的程式,因為有時候還是會用到 PowerShell 來達成我們的需求。我們會在程式碼中解釋為什麼這裡會這樣寫,也會提供一些小技巧來協助大家。

本章涵蓋以下主題:

- Python 直譯器及資料類型
- 利用條件和迴圈來撰寫 Python 腳本
- 函式
- 安裝新的模組或函式庫
- 從命令列傳遞參數給腳本
- 用 Netmiko 來與網路裝置互動
- 多執行緒

Python 直譯器及資料類型

直譯器，是用來直譯指令，來讓別人可以了解。這裡是用來將 Python 語言轉換為機器可讀格式，用來指示機器我們想要執行的流程。

這也讓機器把它所儲存的值或是訊息，轉換為人類可讀格式，讓我們在程式執行的時候可以知道它的狀態。

如同第 1 章基礎概念所提到的，我們將會利用 Python 3.6 直譯器及 Windows 平台來作為範例，網站上也有如何把 Python 下載安裝到其他作業系統的流程，我們可以從 https://www.python.org/downloads 下載 Python，直接雙擊兩下檔案就會開始安裝。

在命令列執行 Python 之前，需要先把 Python 安裝所在的目錄放到你的 PATH 環境變數中。

舉個例子：你在命令列中輸入 set path=%path%:C:\python36，這會將 Python36 加入到現在的 PATH 變數當中。執行之後，才可以在命令列視窗中呼叫 Python。

安裝完之後，進入到安裝完的資料夾，點兩下 python.exe 來開啟 Python 直譯器。直譯器開啟之後，第一步就是建立一個變數，並指派值到這個變數裡面。

Python 跟很多程式語言一樣，有許多變數型態可以選擇。變數型態所代表的是變數裡面儲存的資料可以存什麼類型，不過 Python 以及 PowerShell 在使用時都有自動指定變數型態的功能，Python 支援多種資料類型，通常我們只會用到一些基本的變數型態。

Python 支援的資料型態如下：

- **數值：** 支援的是整數型態，像是 1、2、100、1000 這種。
- **字串：** 可以儲存單個或多個 ASCII 字元，像是 Python、network、age123、India 等，要儲存字串時，我們會使用雙引號（"）或是單引號（'）把要儲存的字元放在中間，讓 Python 知道我們要存成字串格式。舉個例子，1 或是 '1' 對 Python 直譯器來說是不同的資料型態。
- **布林值（Boolean）：** 這種資料型態只能儲存真（True）或假（False）作為其內容。

- **位元（Byte）**：儲存二進位數值使用。

- **列表（List）**：儲存一系列有順序的值。

- **項目（Tuples）**：跟列表（List）很像，不過存在項目裡面的值或長度是不可變動的。

- **組（Sets）**：跟列表很像，不過是無順序的。

- **字典（DIctionary）** 或 **雜湊值（hash values）**：這種資料類型儲存的是鍵值對（Key-Value pair），像是電話簿裡面會對應人名和電話一樣。

下圖展示了一些範例：

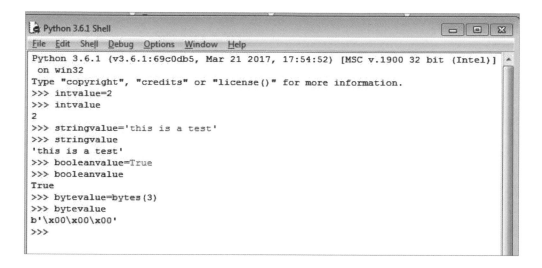

如同我們在範例裡面看到的，我們宣告了變數並指定了儲存在裡面的值，而 Python 會由給定的值猜測變數型態（整數、字串、布林值等）。如果我們在命令列輸入變數名，將會基於資料型態將值列印出來。

下圖展示了其他的資料型態：

```
Python 3.6.1 Shell

File  Edit  Shell  Debug  Options  Window  Help

Python 3.6.1 (v3.6.1:69c0db5, Mar 21 2017, 17:54:52) [MSC v.1900 32 bit (Intel)]
 on win32
Type "copyright", "credits" or "license()" for more information.
>>> listvalue = [1, 2, 3, 4, 5 ]
>>> listvalue
[1, 2, 3, 4, 5]
>>> tuplevalue = ("one", "two")
>>> tuplevalue
('one', 'two')
>>> setvalue = set(["India", "US", "UK"])
>>> setvalue
{'India', 'UK', 'US'}
>>> dictvalue = {'Country': 'India', 'Currency': 'Rupee', 'Capital': 'Delhi'}
>>> dictvalue
{'Country': 'India', 'Currency': 'Rupee', 'Capital': 'Delhi'}
>>>
```

我們可以使用 type() 這個函式來查詢變數的資料型態，變數名字將會傳遞給 type()
函式，並取得資料型態。

```
>>> type(listvalue)
<class 'list'>
>>> type(setvalue)
<class 'set'>
>>> type(dictvalue)
<class 'dict'>
>>> type(tuplevalue)
<class 'tuple'>
>>>
```

PowerShell 的範例如下：

```
#Powershell code
$value=5
$value="hello"
write-host $value
write-host $value.gettype()
# 這邊是註解
# PowerShell的變數需要使用前置$來表示
# 可以利用gettype()函式取得資料型態
```

除了資料型態及變數之外，我們常使用到的還有運算符，像是加號（＋）這個運算符，它可以運用在一些資料型態上，在使用時，我們必須確定變數能不能使用這個運算符。如果我們將不可以使用加號的變數利用運算符運算，Python 將會發出錯誤訊息。

以下是範例程式，我們來看看把兩個字串相加會得到什麼結果：

```
Python 3.6.1 Shell
File  Edit  Shell  Debug  Options  Window  Help
Python 3.6.1 (v3.6.1:69c0db5, Mar 21 2017, 17:54:52) [MSC v.1900 32 bit (Intel)]
 on win32
Type "copyright", "credits" or "license()" for more information.
>>> stringval="1"
>>> stringval
'1'
>>> stringval2="2"
>>> stringval2
'2'
>>> stringval3 =stringval+stringval2
>>> stringval3
'12'
>>>
```

下面一樣利用同樣的運算符，差別在我們的變數型態是整數，可以看到得出了不一樣的結果：

```
Python 3.6.1 Shell
File  Edit  Shell  Debug  Options  Window  Help
Python 3.6.1 (v3.6.1:69c0db5, Mar 21 2017, 17:54:52) [MSC v.1900 32 bit (Intel)]
 on win32
Type "copyright", "credits" or "license()" for more information.
>>> intvalue=1
>>> intvalue
1
>>> intvalue2=2
>>> intvalue3=intvalue+intvalue2
>>> intvalue3
3
>>>
```

如同前面提到的，試著把整數型態和字串型態的變數相加，看看會有什麼結果：

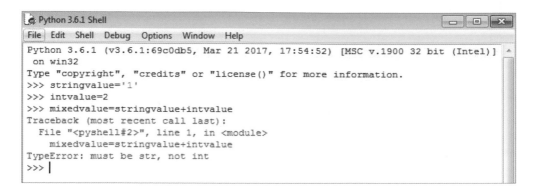

提示的錯誤明確指出了，直譯器無法理解要如何對這兩個不同資料型態作加號運算。

 有時候根據需要，我們會呼叫特定的函式來將資料型態作轉換。像是 int("1") 可以將字串型態的 1 轉換成為整數型態，或是 str(1) 可以將整數型態的 1 轉換為字串型態。

我們通常會在腳本中，根據需求或邏輯，使用多種不同的資料型態，有時為了達成特定目的，會轉換資料型態來達成程式的要求。

條件與迴圈

條件用來比較左值及右值，將會根據指定條件，比較完後回傳真或假。

以下列出一些條件運算符：

運算符	意義
==	如果兩值相等
!=	如果兩值不相等
>	如果左值大於右值
<	如果左值小於右值
>=	如果左值大於或等於右值

運算符	意義
<=	如果左值小於或等於右值
in	如果左值為右值的一部分

範例如下：

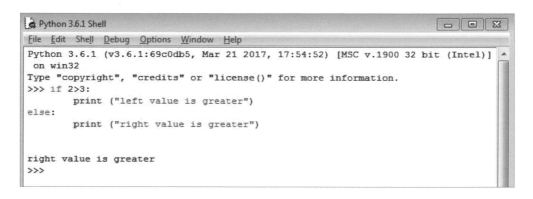

可以看到，我們做了 2>3（2 大於 3）這個條件判斷，檢查條件後結果為假，所以
else 段的動作會被執行。如果我們將左值與右值交換，改為判斷 3>2，將會印出 left
value is greater。

在上面的範例中，我們使用了 if 條件區塊，它的基本結構如下：

```
if 條件:
    執行動作一
else:
    執行動作二
```

注意上面的縮排，縮排對 Python 來說很重要。如果沒有對好縮排的位置，Python 可能
會錯判我們需要的條件，或是拋出縮排錯誤。

巢狀及多重條件

有時候我們會需要在同一個 if 條件區塊裡檢查多個條件。

讓我們來看個例子：

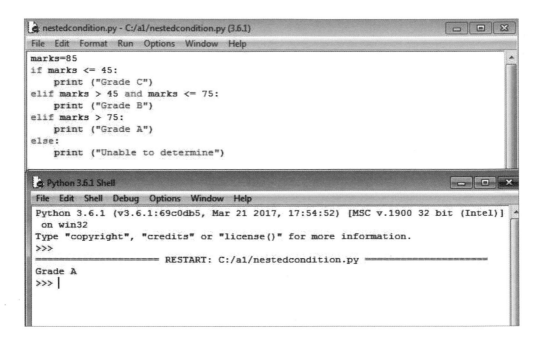

上面我們檢查分數落在哪個範圍，程式的流程如下：

將 85 作為變數 marks 的值，如果 marks 少於或等於 45，印出 Grade C，不是的話繼續判斷是否大於 45 以及小於 75，是的話印出 Grade B，不是的話繼續判斷 mark 是否大於 75，是的話印出 Grade A，不是的話繼續執行 else 區段，印出 Unable to determine.

如果把上面的 Python 程式碼轉換成 PowerShell 的話，會像下面這樣：

```
#PowerShell sample code:
$marks=85
if ($marks -le 45)
{
    write-host "Grade C"
}
elseif (($marks -gt 45) -and ($marks -le 75))
```

```
{
    write-host "Grade B"
}
elseif ($marks -gt 75)
{
    write-host "Grade A"
}
else
{
    write-host "Unable to determine"
}
```

下面有一個巢狀條件的範例（與上面的範例不同，請注意此範例的縮排）：

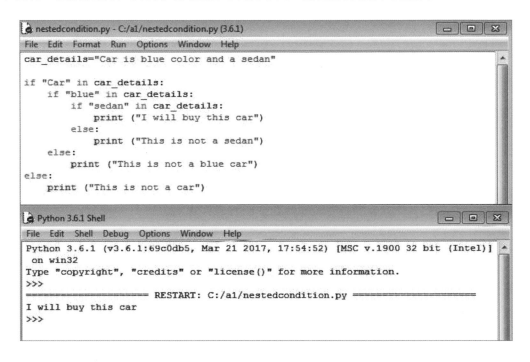

如同我們在條件所看到的，最裡面（第三層）的條件只有在父階層的條件都為真的時候才會被執行，如果判斷為假，將會執行 else 區段的動作。在此範例中，如果變數 car_details 同時含有 Car、blue、sedan 這三個詞的時候，才會把車子買下，只要有任何一個條件不符合，就會執行 else 區段的程式。

迴圈

迴圈是用來重複一組動作，直到滿足指定的條件。Python 裡面有兩個常用的建立迴圈方式，我們會在下面討論。

For Next 迴圈

這種迴圈會重複檢查設定的條件，直到滿足該條件為止：

```
for 循序遞增的變數 in 數值範圍:
    執行某程序
```

底下的範例展示了一個迴圈，功能是印出 1 到 10 到螢幕上：

```
Python 3.6.1 Shell
File  Edit  Shell  Debug  Options  Window  Help
Python 3.6.1 (v3.6.1:69c0db5, Mar 21 2017, 17:54:52) [MSC v.1900 32 bit (Intel)]
 on win32
Type "copyright", "credits" or "license()" for more information.
>>> for x in range(1,10):
        print (x)


1
2
3
4
5
6
7
8
9
>>>
```

如同我們在圖片裡看到的，我們利用了一個內建函式 range (起始值，結束值)，讓迴圈運行之後逐漸遞增我們指定變數名稱內的數值，直到變數值增加到結束值為止。在本例中，變數 x 在迴圈中每執行一次就加 1 並輸出在螢幕上，直到 x 的值增加到 10，也就是這個迴圈的結束條件。

同樣的，我們也可以利用列表（List）來取代數值：

```
Python 3.6.1 Shell
File  Edit  Shell  Debug  Options  Window  Help
Python 3.6.1 (v3.6.1:69c0db5, Mar 21 2017, 17:54:52) [MSC v.1900 32 bit (Intel)]
 on win32
Type "copyright", "credits" or "license()" for more information.
>>> countries=['India','UK','USA','France']
>>> for country in countries:
        print (country + " is good")


India is good
UK is good
USA is good
France is good
>>>
```

將上面的 Python 程式碼轉換為 PowerShell 程式碼的話，會像下面這樣：

```
#PowerShell sample code:
$countries="India","UK","USA","France"
foreach ($country in $countries)
{
    write-host ($country+" is good")
}
```

我們可以在範例裡面看到，我們先定義了一個列表，取名為 countries，接著迴圈會從列表中一個一個把值拿出來放到 country 變數中，並執行迴圈中定義的程序，也就是將 country 字串跟 is good 字串加在一起之後輸出到螢幕上，迴圈會一直執行，直到列表中所有的值都被執行過。

有時候我們或許不想執行完一整個迴圈，如果想在迴圈執行到一半終止它的話，我們會使用 break 來使迴圈終止。以下是個範例，如果我們希望迴圈在列表中遇到 UK 就停止執行的話：

```
for country in countries:
    if 'UK' in country:
        break
    else:
        print (country)
```

While 迴圈

While 迴圈跟 for 迴圈不一樣的地方在於，while 迴圈並不需要有新的變數來作為條件，任何一個已存在的變數都可以用來讓 while 迴圈執行中間的程序，下面是段程式範例：

```
while True:
    執行程序
    if 檢查條件():
        break
```

看起來很像 for 迴圈吧！不過在 while 迴圈中，定義的程序會先被執行，然後再去檢查條件是否成立。在圖片的範例程式中，程序進到 while 迴圈中，先印了一次 x 的值，然後繼續執行下面的程序，直到 x 的值等於或是大於 10 為止。當條件成立之後，我們利用剛剛介紹過的 break 來終止迴圈。在這範例中，如果我們不放置 break 來中止 while 迴圈的話，這個 while 迴圈將永遠不會停止。

撰寫 Python 腳本

對 Python 的基礎架構有瞭解之後，可以利用 Python 撰寫真實的程式或腳本了。

下面的程式會要求輸入你的城市名稱，輸入完後去檢查最後一個英文字是不是英文的母音（a、e、i、o、u）：

```
countryname=input("Enter country name:")
countryname=countryname.lower()
lastcharacter=countryname.strip()[-1]
if 'a' in lastcharacter:
    print ("Vowel found")
elif 'e' in lastcharacter:
    print ("Vowel found")
elif 'i' in lastcharacter:
    print ("Vowel found")
elif 'o' in lastcharacter:
    print ("Vowel found")
elif 'u' in lastcharacter:
    print ("Vowel found")
else:
    print ("No vowel found")
```

程式執行結果如下圖：

```
Python 3.6.1 Shell
File  Edit  Shell  Debug  Options  Window  Help
Python 3.6.1 (v3.6.1:69c0db5, Mar 21 2017, 17:54:52) [MSC v.1900 32 bit (Intel)]
 on win32
Type "copyright", "credits" or "license()" for more information.
>>>
==================== RESTART: C:/a1/book/checkvowel.py ====================
Enter country name:India
Vowel found
>>>
==================== RESTART: C:/a1/book/checkvowel.py ====================
Enter country name:UK
No vowel found
>>>
==================== RESTART: C:/a1/book/checkvowel.py ====================
Enter country name:USA
Vowel found
>>>
```

1. 要求使用者輸入城市名稱，`input()` 函式用來向使用者要求輸入。輸入的值將會存為字串格式，在範例中，我們將輸入的值儲存到 `countryname` 變數中。

2. 在下一行，`countryname.lower()` 將我們存在 `countryname` 中的變數值全部轉為小寫，使我們可以更容易撰寫下面的判斷式。

3. 在下一行可以看到 `countryname.strip()[-1]`，在一個陳述式中執行了兩個動作：

   - `countryname.strip()` 移除了開頭和結尾的多餘字元，像是換行、跳位或是空格。

   - 在我們拿到乾淨的變數之後，取出字串中的一部分。`-1` 代表了從字串右邊開始取一個字元，相反的，`+1` 代表從字串右邊開始。

4. 當我們取得存在變數中的最後一個字元，就只要開始檢查是否符合我們的條件就可以了，並且根據條件是否被滿足，輸出結果在螢幕上。

為了讓這個程式可以執行，我們需要把程式儲存成檔案，並且檔案名稱需要以 `.py` 結尾，讓系統知道這個檔案需要利用 **Python** 來執行。

PowerShell 的範例如下：

```
#PowerShell sample code
$countryname=read-host "Enter country name"
$countryname=$countryname.tolower()
$lastcharacter=$countryname[-1]
if ($lastcharacter -contains 'a')
{
    write-host "Vowel found"
}
elseif ($lastcharacter -contains 'e')
{
    write-host "Vowel found"
}
elseif ($lastcharacter -contains 'i')
{
    write-host "Vowel found"
}
elseif ($lastcharacter -contains 'O')
{
    write-host "Vowel found"
}
elseif ($lastcharacter -contains 'u')
```

```
{
    write-host "Vowel found"
}
else
{
write-host "No vowel found"
}
```

 Python 非常注重縮排，如同範例中所看到的，如果我們改了程式碼中的縮排，就算只是加入了一個空白或是 tab，Python 都會指出縮排不正確的地方，並且執行失敗，直到修正縮排之後，程式才有辦法成功執行。

函式 (Function)

對於經常需要執行的一組程序，我們可以定義函式來執行。換句話說，函式是一連串的指令，用來執行特定的邏輯或是工作。取決於是否有傳入值，函式可以對輸入的值傳回其結果，或是在函式中使用傳入值來執行特定的操作得到結果，而不回傳任何值。

定義函式時需要使用關鍵字 def，來告訴 Python 接下來我們要定義一個函式及需要執行的一連串指令。

在這個範例中我們會印出傳入兩個值中的最大值：

```
def checkgreaternumber(number1,number2):
    if number1 > number2:
        print ("Greater number is ",number1)
    else:
        print ("Greater number is",number2)
checkgreaternumber(2,4)
checkgreaternumber(3,1)
```

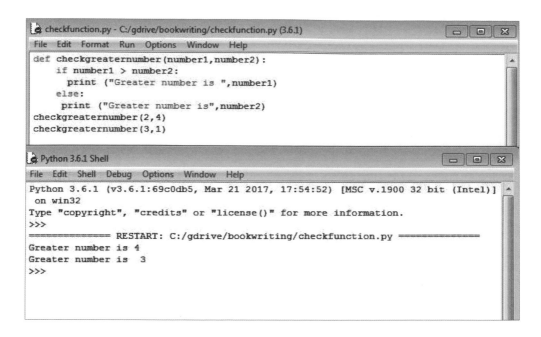

如同在圖中看到的，我們第一次呼叫函式時提供的傳入值為 2 和 4，所以函式輸出最大值為 4，而第二次呼叫函式時，我們提供了不一樣的傳入值，函式便輸出最大值為 3。

PowerShell 的範例程式如下：

```
#PowerShell sample code
function checkgreaternumber($number1,$number2)
{
    if ($number1 -gt $number2)
    {
        write-host ("Greater number is "+$number1)
    }
    else
    {
        write-host ("Greater number is "+$number2)
    }
}

checkgreaternumber 2 4
checkgreaternumber 3 1
```

我們可以改寫函式，讓函式將最大值作為回傳值後再輸出，而不是直接將最大值輸出在螢幕上。

```python
def checkgreaternumber(number1,number2):
    if number1 > number2:
     return number1
    else:
     return number2

print ("My greater number in 2 and 4 is ",checkgreaternumber(2,4))
print ("My greater number in 3 and 1 is ",checkgreaternumber(3,1))
```

在上面的範例中，我們可以看到，函式回傳了一個值，這個值會回傳到函式被執行的地方。跟上一個範例不一樣的地方在於，函式並不直接輸出字串，而是被呼叫之後得到回傳值，才被程式作為字串組合後輸出。

```powershell
#PowerShell sample code
function checkgreaternumber($number1,$number2)
{
    if ($number1 -gt $number2)
    {
        return $number1
    }
    else
    {
        return $number2
    }
}

write-host ("My greater number in 2 and 4 is ",(checkgreaternumber 2 4))
write-host ("My greater number in 3 and 1 is ",(checkgreaternumber 3 1))
```

另一個有關函式的重點是，我們在函式中可以給訂一個預設值。有時候我們在函數中會需要多個傳入值，或許是四個，或是五個，甚至更多，有時很難知道傳入值在傳入時的順序，或是函式需要哪些傳入值。我們可以在函式沒有接收到傳入值時，使用預設值來代替：

```python
def checkgreaternumber(number1,number2=5):
    if number1 > number2:
     return number1
    else:
     return number2
print ("Greater value is",checkgreaternumber(3))
print ("Greater value is",checkgreaternumber(6))
print ("Greater value is",checkgreaternumber(1,4))
```

程式的輸出如下：

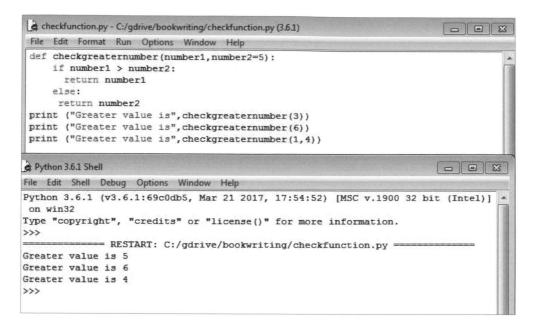

1. 如同我們在圖中看到的，我們給 number2 設定了一個預設值為 5，而我們在第一次呼叫函式時，只給了一個傳入值 3，雖然這個函式需要兩個傳入值，而我們只給了一個，所以程式會利用我們設定好的預設值來作為第二個傳入值使用。

2. 在第二次呼叫函式時，我們一樣只給了一個傳入值，這次我們給的值為 6，由於沒有第二個傳入值，於是程式就使用預設值，也就是比較 6 跟 5 的大小，傳出兩個數裡面的最大值，在這邊也就是 6。

3. 第三次呼叫給了兩個傳入值，而這次由於第二個傳入值有給訂，也就不會使用預設值，函式會比較 1 跟 4 的最大值，而最大值輸出為 4。

類似上述程式的另一種實現方式，注意了函式的變數範圍：

```
globalval=6

def checkglobalvalue():
    return globalval

def localvariablevalue():
    globalval=8
    return globalval

print ("This is global value",checkglobalvalue())
print ("This is global value",globalval)
print ("This is local value",localvariablevalue())
print ("This is global value",globalval)
```

函式的執行結果如下圖：

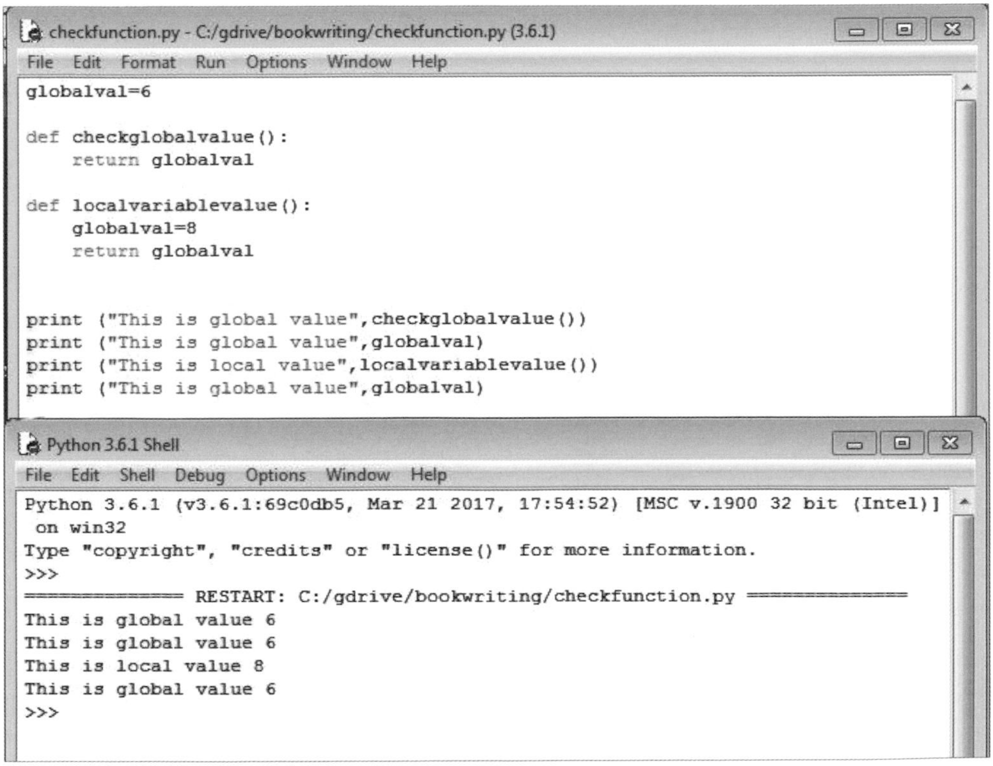

1. 在圖中可以看到，我們定義了一個名為 globalval 的變數，指定該值為 6，在函式 checkglobalvalue 中，我們以 globalvalvariable 作為回傳值，在第一次呼叫的時候印出 6。

2. 第二次的時候依然輸出同一個變數，同樣是印出 6。

3. 到第三次的時候，在函式 localvariablevalue 中，我們設定 globalval 的值為 8，接著回傳 globalval 作為回傳值，會看到印出的值為 8。但是可以看到在最後一次印出 globalval 時依然是印出 6。

這裡很清楚的顯示了，任何在函式中定義的變數，影響範圍都會限定在該函數執行時，並不會影響到函數外的任何數值。如果需要改變函式外的數值，需要使用 global 關鍵字來參考到函數外的 global 變數，讓函數內部的改變可以影響到外部的變數。

底下的範例用來展示關鍵字 global 的作用：

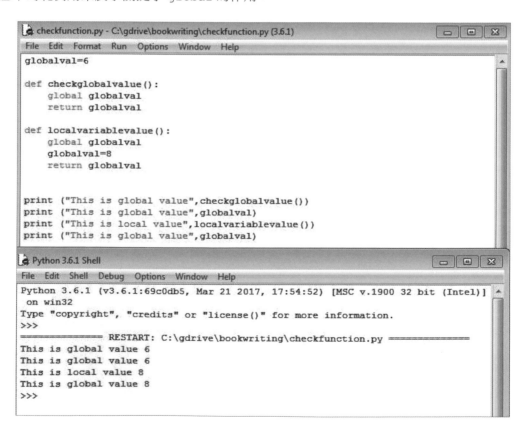

如同在上圖看到的，如果我們在函式 `localvariablevalue` 裡面改變了 `globalval` 這個全域變數的值，確實會影響到這個全域變數，此時它的值變成了 8。

由命令列傳遞參數

有時候我們會需要透過命令列來傳遞參數給腳本使用，透過命令列傳遞參數的方式，可以略過執行程式後等待使用者輸入的時間，用腳本快速的執行我們需要的動作。舉例來說，我們有個程式要讓使用者輸入兩個數字，並計算加總的值，程式如下：

```
import sys
print ("Total output is ")
print (int(sys.argv[1])+int(sys.argv[2]))
```

把上面的程式碼存成檔案 `checkargs.py`，並執行：

python checkargs.py 5 6

輸出應該會像下面這樣：

Total output is
11

這段程式的重點在於引入了 sys 模組，這個模組是由 Python 預先定義好，用來處理跟系統有關的程序。我們在命令列的參數會被儲存到 `sys.argv[1]` 及其之後，比較特別的是 `sys.argv[0]` 儲存的是執行的腳本路徑。以上面的例子來說，`sys.argv[0]` 的值會是 `checkargs.py`，`sys.argv[1]` 是 5，`sys.argv[2]` 是 6。

寫成 PowerShell 會像下面這樣：

```
#PowerShell sample code
$myvalue=$args[0]
write-host ("Argument passed to PowerShell is "+$myvalue)
```

參數傳遞到 Python 的時候是字串形式，如果期望它用特定形式來輸出的話，會需要型別轉換，以上面的例子來說，如果我們沒有用 int() 函式來做型別轉換，將會得到輸出 "56"，而不是 int(5)+int(6)=11 的結果。

Python 模組（Module）與套件（Package）

由於 Python 是當今最流行的開源程式語言，很多開發者會基於自己的開發經驗，提供方便的套件來給其他人使用。模組（Module） 是一組特殊的函式或程序，用來執行特定的動作，以方便程式呼叫使用，在 Python 中引入模組的方法是使用 import 關鍵字。Python 有許多內建的模組可以直接引入使用，但有些特定的模組，必須另外安裝。幸好 Python 在發展的時候也想到了這個問題，設計了一個很簡單的方式來下載安裝其他模組。

讓我們試著安裝 Netmiko 模組作為範例，Netmiko 是一套幫助我們登入到網路設備所設計的模組。Python 的每個模組都提供了很完整的文件，以 Netmiko 為例，可以在下列網址找到它的文件。

https://pypi.python.org/pypi/netmiko

安裝 Netmiko 的動作很簡單，首先找到我們安裝 python.exe 所在的目錄，並進入裡面名為 scripts 的子資料夾。

在 scripts 資料夾中有兩種安裝模組的方式，分別是 easy_install.exe 或是 pip.exe。

- 如果是利用 easy_install 安裝的話，需要執行 easy_install< 模組或套件名稱 >，像是：

    easy_install netmiko

- 如果是利用 pip 來安裝的話，需要執行 pip install < 模組或套件名稱 >

    pip install netmiko

安裝好需要的模組後，關閉所有使用到 Python 的程式，讓 Python 可以將新的模組讀取進來。

更多資訊可以在 https://docs.python.org/2/tutorial/modules.html 找到。

平行運算與多執行緒

由於我們的重點在有效率地撰寫腳本，重點在效率、快速跟正確地取得所需的資訊。我們使用迴圈時，迴圈是一個一個的跑過中間的內容，當速度夠快的時候這沒什麼問題。

現在，如果我們有個迴圈是要列出所有路由器的版本，每個路由器需要花 10 秒來做登入、取得版本、登出等動作，若有 30 台路由器就會需要 10*30 = 300 秒來完成這整件事。這只是簡單的取得版本資訊。若是需要做一些進階或是複雜一點的行為，如果需要 1 分鐘的話，那 30 台路由器所花費的時間就會達到 30 分鐘之久。

當複雜度和規模開始上升時，使用迴圈就會顯得沒有效率，為了改進這點，我們需要將程式做平行化，簡單來說，就是同時對所有路由器做相同的事情。這樣做可以讓我們在同一個 10 秒鐘就得到 30 台路由器的資訊，因為我們同時呼叫了 30 個平行化的執行緒來做到這件事。

一個執行緒代表一個被呼叫的函式的實例（instance），呼叫 30 次代表同時有 30 個執行緒在進行相同的事情。

舉個例子：

```python
import datetime
from threading import Thread

def checksequential():
    for x in range(1,10):
        print (datetime.datetime.now().time())

def checkparallel():
    print (str(datetime.datetime.now().time())+"\n")

checksequential()
print ("\nNow printing parallel threads\n")
threads = []
for x in range(1,10):
    t = Thread(target=checkparallel)
    t.start()
    threads.append(t)

for t in threads:
    t.join()
```

上面程式的輸出如下圖：

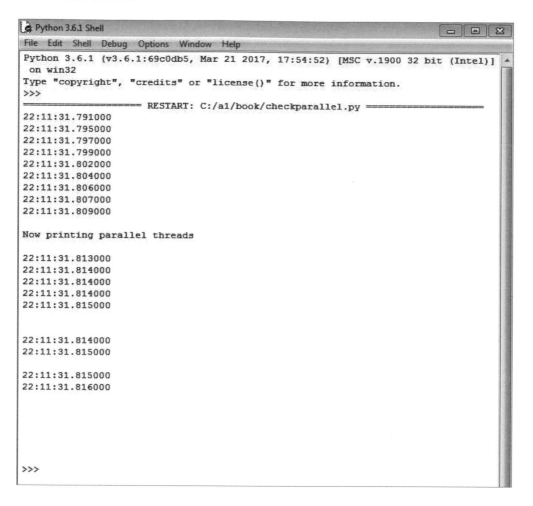

1. 如同範例中所看到的，我們建立了兩個函式，分別名為 checksequential 與 checkparallel，作用是印出現在的系統時間，在這個範例中，使用 datetime 這個模組來取得系統時間。checksequential 函式在 for 迴圈中，循序的呼叫並印出系統時間。

2. 為了讓 checkparallel 可以平行跑，我們先建立了一個名為 threads 的空陣列，每個實例被建立時都會有自己獨立的執行緒編號或是值，這個編號是用來參考到每個實例，用來確認它是否執行完畢所使用的。start() 則是用來讓執行緒得以呼叫函式所使用。

3. 最後一個 for 迴圈是個很重要的部分，join() 代表等待所有執行緒執行完
   畢，才可以進行到下一階段。

如同我們在圖中所看到的，有一部分被印出的系統時間是一樣的，代表那一部分的實例
是同時平行化的被執行，有別於循序執行的部分。

 平行化執行緒時的執行結果，不一定會依照執行順序印出來，因為只
要任何一個執行緒執行完畢，它就會自己印出結果，不會等待其他執
行緒結束，這跟循序執行時是不一樣的。

PowerShell 程式碼的範例如下：

```
#PowerShell sample code
Get-Job  #This get the current running threads or Jobs in PowerShell
Remove-Job -Force * # This commands closes forcible all the previous
threads

$Scriptblock = {
    Param (
        [string]$ipaddress
    )
  if (Test-Connection $ipaddress -quiet)
  {
      return ("Ping for "+$ipaddress+" is successful")
   }
  else
  {
     return ("Ping for "+$ipaddress+" FAILED")
  }
 }

$iplist="4.4.4.4","8.8.8.8","10.10.10.10","20.20.20.20","4.2.2.2"

foreach ($ip in $iplist)
{
    Start-Job -ScriptBlock $Scriptblock -ArgumentList $ip | Out-Null
    #The above command is used to invoke the $scriptblock in a
multithread
}

#Following logic waits for all the threads or Jobs to get completed
While (@(Get-Job | Where { $_.State -eq "Running" }).Count -ne 0)
  { # Write-Host "Waiting for background jobs..."
    Start-Sleep -Seconds 1
```

```
    }

#Following logic is used to print all the values that are returned by
each thread and then remove the thread # #or job from memory
ForEach ($Job in (Get-Job)) {
  Receive-Job $Job
  Remove-Job $Job
    }
```

利用 Netmiko 連接 SSH 及操作網路裝置

Netmiko（https://github.com/ktbyers/netmiko）是一套 Python 的函式庫，設計用來操作網路裝置。它支援許多廠商，像是 Cisco IOS、NXOS、firewalls 還有許多其他裝置，相依於另一套名為 Paramiko 的函式庫，這個函式庫是用來連接 SSH 到各個裝置。

Netmiko 延伸了 Paramiko 的功能，並對它做了很多加強，像是進入路由器的設定模式、發送指令、接收指令的輸出、增強某部分指令執行後的等待時間，並且處理了許多裝置詢問使用者是否要執行 yes/no 的部分。

下面的例子用來登入路由器並顯示版本：

```
from netmiko import ConnectHandler

device = ConnectHandler(device_type='cisco_ios', ip='192.168.255.249',
username='cisco', password='cisco')
output = device.send_command("show version")
print (output)
device.disconnect()
```

執行結果如下圖：

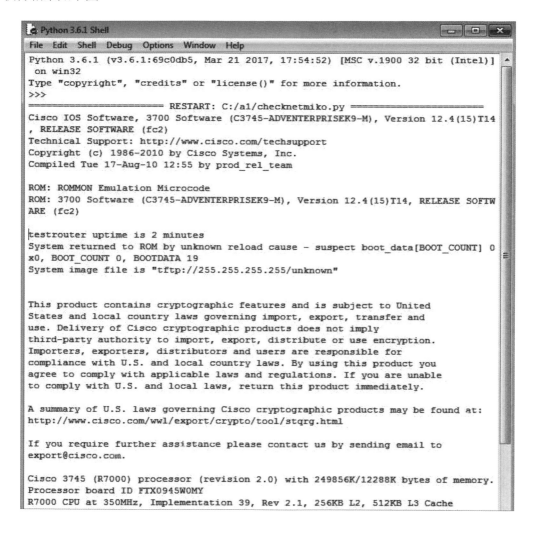

如同範例程式中所看到的，我們呼叫了 **Netmiko** 函式庫中的 `ConnectHandler` 函式，這個函式需要四個變數（平台類型、IP 位址、使用者名稱、使用者密碼）：

Netmiko 整合了許多廠商，可以被 Netmiko 呼叫的平台類型如下：

'a10': A10SSH,
'accedian': AccedianSSH,
'alcatel_aos': AlcatelAosSSH,
'alcatel_sros': AlcatelSrosSSH,
'arista_eos': AristaSSH,
'aruba_os': ArubaSSH,
'avaya_ers': AvayaErsSSH,
'avaya_vsp': AvayaVspSSH,
'brocade_fastiron': BrocadeFastironSSH,
'brocade_netiron': BrocadeNetironSSH,
'brocade_nos': BrocadeNosSSH,
'brocade_vdx': BrocadeNosSSH,
'brocade_vyos': VyOSSSH,
'checkpoint_gaia': CheckPointGaiaSSH,
'ciena_saos': CienaSaosSSH,
'cisco_asa': CiscoAsaSSH,
'cisco_ios': CiscoIosBase,
'cisco_nxos': CiscoNxosSSH,
'cisco_s300': CiscoS300SSH,
'cisco_tp': CiscoTpTcCeSSH,
'cisco_wlc': CiscoWlcSSH,
'cisco_xe': CiscoIosBase,
'cisco_xr': CiscoXrSSH,
'dell_force10': DellForce10SSH,
'dell_powerconnect': DellPowerConnectSSH,
'eltex': EltexSSH,
'enterasys': EnterasysSSH,
'extreme': ExtremeSSH,
'extreme_wing': ExtremeWingSSH,
'f5_ltm': F5LtmSSH,
'fortinet': FortinetSSH,
'generic_termserver': TerminalServerSSH,
'hp_comware': HPComwareSSH,
'hp_procurve': HPProcurveSSH,

                'huawei': HuaweiSSH,
                'juniper': JuniperSSH,
                'juniper_junos': JuniperSSH,
                'linux': LinuxSSH,
                'mellanox_ssh': MellanoxSSH,
                'mrv_optiswitch': MrvOptiswitchSSH,
                'ovs_linux': OvsLinuxSSH,
                'paloalto_panos': PaloAltoPanosSSH,
                'pluribus': PluribusSSH,
                'quanta_mesh': QuantaMeshSSH,
                'ubiquiti_edge': UbiquitiEdgeSSH,
                'vyatta_vyos': VyOSSSH,
                'vyos': VyOSSSH,

對應於你所需要執行的平台類型，Netmiko 會自動以正確的連接方式，透過 SSH 連接到指定的裝置上，當連線建立之後，就可以利用 send 來傳送指令。

一旦得到回傳值，該值會儲存到 output 並顯示出來。最後利用 disconnect 函式，結束連線並完成作業。

另一個例子，假如我們要建立路由器介面 FastEthernet0/0 的描述，程式會像這樣：

```
from netmiko import ConnectHandler

print ("Before config push")
device = ConnectHandler(device_type='cisco_ios', ip='192.168.255.249',
username='cisco', password='cisco')
output = device.send_command("show running-config interface fastEthernet
0/0")
print (output)

configcmds=["interface fastEthernet 0/0", "description my test"]
device.send_config_set(configcmds)

print ("After config push")
output = device.send_command("show running-config interface fastEthernet
0/0")
print (output)

device.disconnect()
```

執行結果如下圖：

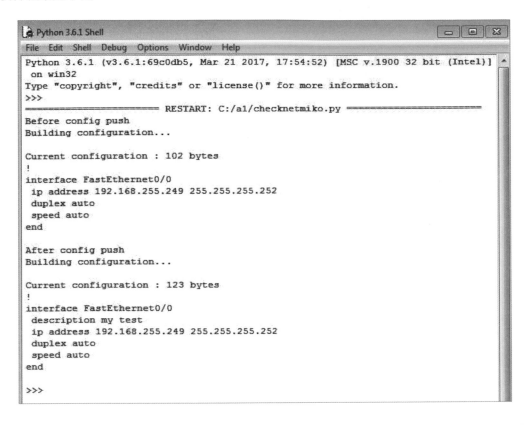

- 在依靠程式設定路由器時，並不需要其他資訊，只要把之前手動操作路由器的指令，放在列表裡面，作為參數傳遞給 send_config_set 函式，程式就會依序執行了。

- Before config push的部分是尚未執行send_config_set之前FastEthernet0/0介面的狀態；在 After config push 之下，是我們執行完列表裡面的指令之後的狀態，可以看到介面被加上了描述。

如果我們需要執行其他的設定，可以參照上面的程式範例，傳遞多個指令給路由器，Netmiko 會自動進入路由器的設置模式，執行完指令後退出配置模式。

如果我們想把路由器上的設定存起來，避免重開機之後消失的話，可以在 send_config_set 之後加入 device.send_command("write memory")，把設定儲存起來。

網路自動化的使用情境

前面練習了許多關於 Python 以及裝置之間的互動，讓我們用目前所學到的知識，建立一些使用情境作為練習，情境如下：

登入到路由器之後做以下操作：

1. task1()：印出以下資訊，路由器的版本、路由器的 IP、目前路由器設定的時間、目前路由器上的使用者列表。

2. task2()：在路由器裡面建立一個新使用者，設置使用者名稱為 test，使用者密碼為 test，設置完後確認這個使用者名稱及密碼可以登入到路由器上。

3. task3()：使用新的使用者名稱及密碼登入路由器，在 running-config 裡面刪除所有其他的使用者。刪除完畢之後，列出目前路由器上的使用者，確認目前只剩下 test 這個使用者在路由器上。

程式碼範例如下：

```python
from netmiko import ConnectHandler

device = ConnectHandler(device_type='cisco_ios', ip='192.168.255.249',
username='cisco', password='cisco')

def task1():
    output = device.send_command("show version")
    print (output)
    output= device.send_command("show ip int brief")
    print (output)
    output= device.send_command("show clock")
    print (output)
    output= device.send_command("show running-config | in username")
    output=output.splitlines()
    for item in output:
        if ("username" in item):
            item=item.split(" ")
            print ("username configured: ",item[1])
```

```python
def task2():
    global device
    configcmds=["username test privilege 15 secret test"]
    device.send_config_set(configcmds)
    output= device.send_command("show running-config | in username")
    output=output.splitlines()
    for item in output:
        if ("username" in item):
            item=item.split(" ")
            print ("username configured: ",item[1])
    device.disconnect()
    try:
        device = ConnectHandler(device_type='cisco_ios',
ip='192.168.255.249', username='test', password='test')
        print ("Authenticated successfully with username test")
        device.disconnect()
    except:
        print ("Unable to authenticate with username test")


def task3():
    device = ConnectHandler(device_type='cisco_ios',
ip='192.168.255.249', username='test', password='test')
    output= device.send_command("show running-config | in username")
    output=output.splitlines()
    for item in output:
        if ("username" in item):
            if ("test" not in item):
                item=item.split(" ")
                cmd="no username "+item[1]
                outputnew=device.send_config_set(cmd)
    output= device.send_command("show running-config | in username")
    output=output.splitlines()
    for item in output:
        if ("username" in item):
            item=item.split(" ")
            print ("username configured: ",item[1])
    device.disconnect()
#Call task1 by writing task1()
#task1()
#Call task2 by writing task2()
#task2()
#Call task3 by writing task3()
#task3()
```

在範例中我們為三個工作設置了三個不同的函式：

1. 程式第一行將 Netmiko 函式庫引入到程式中，第二行則利用目前有的帳號密碼來登入指定的路由器。

2. 在 task1() 函式中，我們印出了所有需要的資訊，為了不要暴露出密碼，我們特別加入了一段邏輯，利用 show running-config | in username 拿到所有使用者資訊，之後利用 split 函式，以空白 " " 為分界來分割字串。由於 Cisco 裝置回傳的使用者名稱會放在第二個位子（如：username test privilege 15 secret 5），所以只要印出分割字串後，第二個位子的值，就是我們所需要的使用者名稱。

   以下是 task1() 執行的結果：

```
This product contains cryptographic features and is subject to United
States and local country laws governing import, export, transfer and
use. Delivery of Cisco cryptographic products does not imply
third-party authority to import, export, distribute or use encryption.
Importers, exporters, distributors and users are responsible for
compliance with U.S. and local country laws. By using this product you
agree to comply with applicable laws and regulations. If you are unable
to comply with U.S. and local laws, return this product immediately.

A summary of U.S. laws governing Cisco cryptographic products may be found at:
http://www.cisco.com/wwl/export/crypto/tool/stqrg.html

If you require further assistance please contact us by sending email to
export@cisco.com.

Cisco 3745 (R7000) processor (revision 2.0) with 249856K/12288K bytes of memory.
Processor board ID FTX0945W0MY
R7000 CPU at 350MHz, Implementation 39, Rev 2.1, 256KB L2, 512KB L3 Cache
3 FastEthernet interfaces
1 Serial(sync/async) interface
DRAM configuration is 64 bits wide with parity enabled.
151K bytes of NVRAM.

Configuration register is 0x2102

Interface                IP-Address      OK? Method Status                Protocol
FastEthernet0/0          192.168.255.249 YES NVRAM  up                    up
Serial0/0                unassigned      YES NVRAM  administratively down down
FastEthernet0/1          unassigned      YES NVRAM  administratively down down
FastEthernet1/0          unassigned      YES NVRAM  administratively down down
*00:26:48.907 UTC Fri Mar 1 2002
username configured:  cisco
>>>
```

3. 在 task2() 函式中，要建立使用者名稱 test 以及設定使用者密碼為 test 後，利用這組使用者名稱及密碼登入做驗證，我們在這邊加入了例外處理（try-exception）程式段在函式中，它會檢查列在 try: 之後的程式區段是否有任何的錯誤或例外需要處理，如果有任何例外發生，會丟給例外處理的例外程式碼來做處理（關鍵字 except: 下面的區段）。如果程式順利的執行，沒有例外發生，將會繼續執行 try: 區段的程式碼。

下面是 task2() 的執行結果：

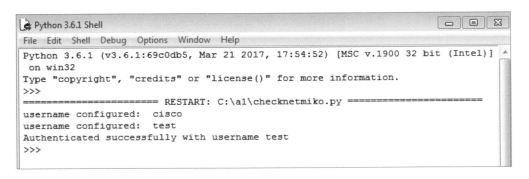

在圖中可以看到現在列出了兩個使用者，而且路由器也確認新的使用者 test 可以驗證成功。

4. 在 task3() 函式中，會先取得所有在 running-config 裡面的使用者名稱，如果有任何 test 之外的使用者名稱，會動態的執行 no username < 使用者名稱 >，並將這個指令送到路由器上，等所有其他的使用者名稱都執行完後，會再印出一次目前路由器上有的使用者名稱，讓使用者驗證結果，這時應該只會剩下 test 這個使用者。

以下是 `task3()` 的執行結果：

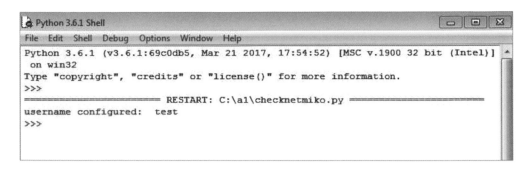

從圖中可以看到，的確是只剩下 `test` 這個使用者在路由器中。

結語

在本章中，我們學到撰寫腳本的技巧，像是函式、判斷、迴圈等等，也在腳本中使用多執行緒，利用平行化來加速程式的執行速度。我們利用了 Netmiko 函式庫來與網路裝置互動，並且建立了一個現實環境中可能會使用到的使用情境來作為練習。

下一章的重點會放在使用網頁來達成自動化，我們會討論 Python 腳本如何使用網頁框架，透過網頁來驅動腳本執行自動化任務。

另外，我們會對於如何建立 API 做個基本的介紹，讓別人也可以透過呼叫你的 API 來達成任務。

3

存取及探勘
網路上的資料

看 完前面兩章，我們知道了如何撰寫 Python 腳本，利用腳本與網路裝置互動，以及如何利用 PowerShell 來達成同樣的功能，現在我們已經有足夠的知識來撰寫腳本，並從資料中取得有用的資訊。接著讓我們透過一些範例來更深入理解 Python。在本章中，我們會關注在如何從網路裝置中挖掘或取得資料，藉由取得的資料來製作新的設定檔，並且寫回裝置，來對裝置做修改或是強化。

我們會利用 Python 來解決一些常見的問題或場景，這些範例都可以根據需求來做延伸，用來解決自動化時所會遇到的問題。

本章涵蓋以下主題：

- 裝置設定
- 混合環境
- IPv4 到 IPv6 的轉換
- 辦公室或資料中心的重建

- 擴大架構
- 交換器的自帶裝置（BYOD）設定
- 裝置的 OS 升級
- IP configs/interface 解析

裝置設定

現在我們需要部署三台路由器，並使用同一個基礎設定檔讓這些路由器可以順利運行。這個基礎設定檔在不同的路由器會有些許的不同，我們需要自動化的為不同的路由器產生專屬的設定檔。

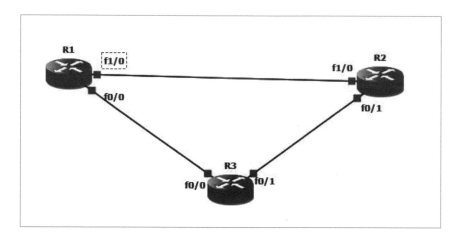

假設我們的路由器在硬體規格上都一樣，它們都有以下的連接埠：

- R1 f1/0 （FastEthernet1/0）連接到 R2 f1/0

- R1 f0/0 連接到 R3 f0/0

- R2 f0/1 連接到 R3 f0/1

基礎的設定檔內容如下：

```
hostname <hname>
ip domain-lookup
ip name-server <nameserver>
logging host <loghost>
username cisco privilege 15 password cisco
enable password cisco
ip domain-name checkmetest.router
line vty 0 4
 exec-timeout 5
```

接下來的設定有一點複雜，由於每一台路由器的 name-server 值都不能一樣，假設這三台路由器被分配到不同的網路，對應如下：

- R1 -> hostname testindia
- R2 -> hostname testusa
- R3 -> hostname testUK

由於紀錄伺服器（logserver）跟名稱伺服器（nameserver）在各個網路都不同，我們也要分開設置，對應如下：

- **India 路由器**：logserver (1.1.1.1) and nameserver (1.1.1.2)
- **USA 路由器**：logserver (2.1.1.1) and nameserver (2.1.1.2)
- **UK 路由器**：logserver (3.1.1.1) and nameserver (3.1.1.2)

把以上的資訊寫成腳本的話，會像下面這樣：

```
ipdict={'india': '1.1.1.1,1.1.1.2', 'uk': '3.1.1.1,3.1.1.2', 'usa':
'2.1.1.1,2.1.1.2'}

standardtemplate="""
hostname <hname>
ip domain-lookup
ip name-server <nameserver>
logging host <loghost>
username cisco privilege 15 password cisco
enable password cisco
ip domain-name checkmetest.router

line vty 0 4
 exec-timeout 5
"""

routerlist="R1,R2,R3"
routers=routerlist.split(",")
for router in routers:
print ("Now printing config for",router)
    if "R1" in router:
        hostname="testindia"
        getips=ipdict["india"]
        getips=getips.split(",")
        logserver=getips[0]
        nameserver=getips[1]
    if "R2" in router:
        hostname="testusa"
```

```
            getips=ipdict["usa"]
            getips=getips.split(",")
            logserver=getips[0]
            nameserver=getips[1]
        if "R3" in router:
            hostname="testUK"
            getips=ipdict["uk"]
            getips=getips.split(",")
            logserver=getips[0]
            nameserver=getips[1]
        generatedconfig=standardtemplate
        generatedconfig=generatedconfig.replace("<hname>",hostname)
        generatedconfig=generatedconfig.replace("<nameserver>",nameserver)
        generatedconfig=generatedconfig.replace("<loghost>",logserver)
        print (generatedconfig)
```

第一行定義了各區域的記錄伺服器及名稱伺服器的位址，變數 standardtemplate 用來儲存模板字串，需要儲存多行文字在變數中時，我們可以利用範例中看到的三引號來做。

現在我們知道了預設的 hostnames，可以藉由重新解析設定檔，將正確的值根據不同的區域來做取代，來產生新的設定檔。新的設定檔可以被儲存成另一個檔案，或是直接被路由器所執行。同樣的道理，我們也可以用這種方式來添加 IP 位址，像是下面這樣：

- testindia f1/0：10.0.0.1 255.0.0.0
- testusa f1/0：10.0.0.2 255.0.0.0
- testindia f0/0：11.0.0.1 255.0.0.0
- testUK f0/0：11.0.0.2 255.0.0.0
- testusa f0/1：12.0.0.1 255.0.0.0
- testUK f0/1：12.0.0.2 255.0.0.0

程式碼範例如下：

```
def getipaddressconfig(routername):
    intconfig=""
    sampletemplate="""
interface f0/0
 ip address ipinfof0/0
interface f1/0
 ip address ipinfof1/0
interface f0/1
 ip address ipinfof0/1
```

```
    """
    if (routername == "testindia"):
        f0_0="11.0.0.1 255.0.0.0"
        f1_0="10.0.0.1 255.0.0.0"
        sampletemplate=sampletemplate.replace("ipinfof0/0",f0_0)
        sampletemplate=sampletemplate.replace("ipinfof1/0",f1_0)
        sampletemplate=sampletemplate.replace("interface f0/1\n","")
        sampletemplate=sampletemplate.replace("ip address ipinfof0/1\n","")
    if (routername == "testusa"):
        f0_0="11.0.0.1 255.0.0.0"
        f0_1="12.0.0.1 255.0.0.0"
        sampletemplate=sampletemplate.replace("ipinfof0/0",f0_0)
        sampletemplate=sampletemplate.replace("ipinfof0/1",f0_1)
        sampletemplate=sampletemplate.replace("interface f1/0\n","")
        sampletemplate=sampletemplate.replace("ip address ipinfof1/0\n","")
    if (routername == "testUK"):
        f0_0="11.0.0.2 255.0.0.0"
        f0_1="12.0.0.2 255.0.0.0"
        sampletemplate=sampletemplate.replace("ipinfof0/0",f0_0)
        sampletemplate=sampletemplate.replace("ipinfof0/1",f0_1)
        sampletemplate=sampletemplate.replace("interface f1/0\n","")
        sampletemplate=sampletemplate.replace("ip address ipinfof1/0\n","")
    return sampletemplate

#calling this function
myfinaloutput=getipaddressconfig("testUK") #for UK router
myfinaloutput=getipaddressconfig("testindia") #for USA router
myfinaloutput=getipaddressconfig("testusa") #for India router
```

我們在範例中定義了一個函式，函式中先設定了一個模板字串，這個模板字串在之後會根據傳入的值（路由器名稱），來更新介面的 IP 位址，同時我們也利用空字串（""），來將不必要的資訊從模板字串中消除。

當產生完設定檔之後，我們可以調用檔案函式來把設定檔儲存起來：

```
#Suppose our final value is in myfinaloutput and file name is
myrouterconfig.txt
fopen=open("C:\check\myrouterconfig.txt","w")
fopen.write(myfinaloutput)
fopen.close()
```

在上面的程式中可以看到，如果我們把上一段的通用設定檔，跟第二段的介面設定檔結合起來，儲存到變數 myfinaloutput 中，此時就可以把設定檔儲存到 C:\check\myrouterconfig.txt 中。

我們也可以繼續加強這個腳本，為它加入一些新的功能，像是**最短路徑優先路由法**（**OSPF**）或是**邊界路由協議（BGP）**等等的設定，基於路由器名稱來創造更強更複雜的設定檔，儲存到不同的 .txt 檔案中，來為之後的設定檔結合做準備。

混合環境

有時候我們會在同一個網路環境中，混合使用不同供應商的產品，像是 Arista、Cisco（IOS、NXOS）與 Juniper，並將其使用在不同的階層中。在混合環境中使用自動化網路時，必須很清楚你的網路架構，並且為不同供應商的機器設定適合它的自動化腳本。

如果我們已經知道我們的網路架構，以及各裝置所屬的層級（如存取層、核心層、**櫃頂層（TOR）**），我們就可以為機器制定一些基本的設定。

在生產環境中，我們可以利用 SNMP 協定來取得裝置資訊，以便利用這些資訊來制定動態值。

我們可以從 https://wiki.opennms.org/wiki/Hardware_Inventory_Entity_MIB 這裡得到有關**網管資訊庫**（**MIB**）的資訊，這對於如何理解我們從 SNMP 所取得的資訊十分有用。

沿用之前的最佳實踐，我們首先要撰寫一個函式用來回傳裝置的類型，也可以進一步利用 SNMP 的**物件識別碼**取得裝置的進階資訊，像是介面的數量、介面的狀態，甚至是介面目前是否可正常操作等，讓我們可以基於裝置的資訊及健康狀況，以作出更好的決定。

我們會使用 PySNMP 這個函式庫來查詢裝置上的 SNMP 資訊，可以使用 pip install pysnmp 來安裝。

關於 PySNMP 的文件可以參見以下網址：

https://pynet.twb-tech.com/blog/snmp/python-snmp-intro.html

下面的範例,展示如何使用 SNMP 取得目前的裝置版本資訊:

```
from pysnmp.hlapi import *

errorIndication, errorStatus, errorIndex, varBinds = next(
    getCmd(SnmpEngine(),
            CommunityData('public', mpModel=0),
            UdpTransportTarget(('192.168.255.249', 161)),
            ContextData(),
            ObjectType(ObjectIdentity('SNMPv2-MIB', 'sysDescr', 0)))
)

if errorIndication:
    print(errorIndication)
elif errorStatus:
    print('%s at %s' % (errorStatus.prettyPrint(),
                        errorIndex and varBinds[int(errorIndex) - 1][0] or
'?'))
else:
    for varBind in varBinds:
        print(' = '.join([x.prettyPrint() for x in varBind]))
```

實際執行範例程式碼的結果如下圖所示:

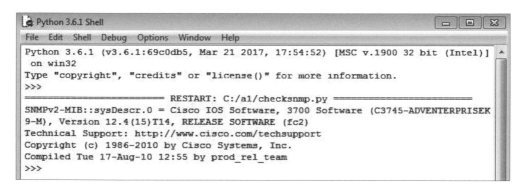

我們使用 snmp-server community public RO 這個指令,指示路由器啟用 SNMP 伺服器,藉由賦予 public 群組的唯讀權限,來取得 sysDescr.0 的值,這個值在 Cisco 裝置中儲存了版本資訊。

基於使用 SNMP 所獲得的資訊,我們可以知道裝置的類型,基於這個結果來為各個不同的裝置設定專屬的設定檔,而不需要使用者自行輸入。

下面是我們使用 PySNMP 來取得路由器介面名稱的範例：

```python
from pysnmp.entity.rfc3413.oneliner import cmdgen

cmdGen = cmdgen.CommandGenerator()

errorIndication, errorStatus, errorIndex, varBindTable = cmdGen.bulkCmd(
    cmdgen.CommunityData('public'),
    cmdgen.UdpTransportTarget(('192.168.255.249', 161)),
    0,25,
    '1.3.6.1.2.1.2.2.1.2'
)

# Check for errors and print out results
if errorIndication:
    print(errorIndication)
else:
    if errorStatus:
        print('%s at %s' % (
            errorStatus.prettyPrint(),
            errorIndex and varBindTable[-1][int(errorIndex)-1] or '?'
            )
        )
    else:
        for varBindTableRow in varBindTable:
            for name, val in varBindTableRow:
                print('%s = %s' % (name.prettyPrint(), val.prettyPrint()))
```

範例的執行結果如下：

```
Python 3.6.1 Shell

File  Edit  Shell  Debug  Options  Window  Help

Python 3.6.1 (v3.6.1:69c0db5, Mar 21 2017, 17:54:52) [MSC v.1900 32 bit (Intel)]
 on win32
Type "copyright", "credits" or "license()" for more information.
>>>
====================== RESTART: C:\a1\checksnmp.py ======================
SNMPv2-SMI::mib-2.2.2.1.2.1 = FastEthernet1/0
SNMPv2-SMI::mib-2.2.2.1.2.2 = FastEthernet0/0
SNMPv2-SMI::mib-2.2.2.1.2.3 = Serial0/0
SNMPv2-SMI::mib-2.2.2.1.2.4 = FastEthernet0/1
SNMPv2-SMI::mib-2.2.2.1.2.6 = Null0
>>>
```

如同我們在圖中看到的，我們使用 bulkCmd 這個函式，利用它走訪底下所有值的特性，回傳所有介面名稱。

而 1.3.6.1.2.1.2.2.1.2 這個 OID 就是用來取得裝置介面名稱的起點。

相同的，我們也可以用不同的 SNMP OIDs 來取得不同裝置的特定資訊，基於回傳值來執行我們所需要的程序。

設定檔及介面的 IP 解析

我們經常需要從介面設定中取得資訊，像是從裝置列表中，找到哪些介面目前是處於 trunk 模式；或是取得目前被設置為 admin-shutdown 狀態的介面；又或是取得介面目前的 IP 位址資訊等等，從設定檔取得特定的 IP 或是網段資訊的例子是蠻常見的。

為了取得這些資訊，正規表示式（Regular Expression，有時縮寫為 Regex）是非常好用的工具，它是用來協助比對字串中是否有符合特定模式，或是取得符合特定模式的值。

下面這個表是一些對於正規表示式比較常用到且重要的符號：

.	符合除了換行外的任意字元
^	符合輸入字串的開始位置
$	符合輸入字串的結束位置
*	符合前面的子運算式零次或多次
+	符合前面的子運算式一次或多次
?	符合前面的子運算式零次或一次
\A	比對整個字串，符合輸入字串的開始位置
\b	符合一個單詞邊界
\B	符合非單詞邊界
\d	符合一個數字字元
\D	符合一個非數字字元
\Z	符合字串結尾
\	跳脫字元
[]	符合指定範圍內的任意字元
[a-z]	符合小寫的 ASCII 字元
[^]	符合任何不在指定範圍內的任意字元

.	符合除了換行外的任意字元
A|B	符合 A 或 B 任一個正規表示式
\s	符合任何空白字元
\S	符合任何非空白字元
\w	符合包括底線的任何單詞字元
\W	符合任何非單詞字元

介紹完語法後，假設我們要利用正規表示式，從字串中取出 IP 位址（10.10.10.20）以及網路區段（255.255.255.255）：

```python
import re
mystring='My ip address is 10.10.10.20 and by subnet mask is
255.255.255.255'

if (re.search("ip address",mystring)):
    ipaddregex=re.search("ip address is \d+.\d+.\d+.\d+",mystring)
    ipaddregex=ipaddregex.group(0)
    ipaddress=ipaddregex.replace("ip address is ","")
    print ("IP address is :",ipaddress)

if (re.search("subnet mask",mystring)):
    ipaddregex=re.search("subnet mask is \d+.\d+.\d+.\d+",mystring)
    ipaddregex=ipaddregex.group(0)
    ipaddress=ipaddregex.replace("subnet mask is ","")
    print ("Subnet mask is :",ipaddress)
```

程式的執行結果如下圖：

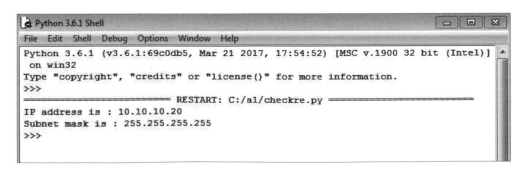

從範例中可以看到，我們比對 IP 使用的正規表示式語法為 \d+.\d+.\d+.\d+，\d 代表數字，+ 代表一次以上，代表我們要找尋以三個點分開的多位數字。

但是如果以這個條件下去搜尋的話，我們會找到兩個符合這個規則的字串，所以我們改用 ip address is \d+.\d+.\d+.\d+ 來找 IP 位址，subnet mask is \d+.\d+.\d+.\d+ 來找網路區段。if 迴圈中的 re.search 在有比對到的時候會回傳 True，沒比對到的話就回傳 False。在範例中，我們利用 .group(0) 來將比對到的字串儲存起來，以便之後使用。

由於我們只關心是否有取到 IP 位址以及網路區段，我們將其他字串值都用空白或是空值來取代。

取得 IP 位址之後，我們可以利用 socket 函式庫來檢查 IP 位址（包含 IPv4 及 IPv6）是否符合規範。範例如下：

```python
import socket

def validateipv4ip(address):
    try:
        socket.inet_aton(address)
        print ("Correct IPv4 IP")
    except socket.error:
        print ("wrong IPv4 IP")

def validateipv6ip(address):
    ### for IPv6 IP address validation
    try:
        socket.inet_pton(socket.AF_INET6,address)
        print ("Correct IPv6 IP")
    except socket.error:
        print ("wrong IPv6 IP")

#correct IPs:
validateipv4ip("2.2.2.1")
validateipv6ip("2001:0db8:85a3:0000:0000:8a2e:0370:7334")


#Wrong IPs:
validateipv4ip("2.2.2.500")
validateipv6ip("2001:0db8:85a3:0000:0000:8a2e")
```

程式執行結果如下：

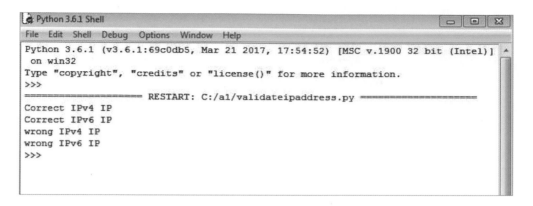

可以看到我們使用 socket 函數來驗證 IP 位址的正確與否。

再舉個例子，如同先前所提到的，如果需要判斷介面是否處於 trunk 模式的話：

```
import re
sampletext="""
interface fa0/1
switchport mode trunk
no shut

interface fa0/0
no shut

interface fa1/0
switchport mode trunk
no shut

interface fa2/0
shut

interface fa2/1
switchport mode trunk
no shut

interface te3/1
switchport mode trunk
shut
"""

sampletext=sampletext.split("interface")
#check for interfaces that are in trunk mode
```

```
for chunk in sampletext:
    if ("mode trunk" in chunk):
        intname=re.search("(fa|te)\d+/\d+",chunk)
        print ("Trunk enabled on "+intname.group(0))
```

程式執行結果如下圖：

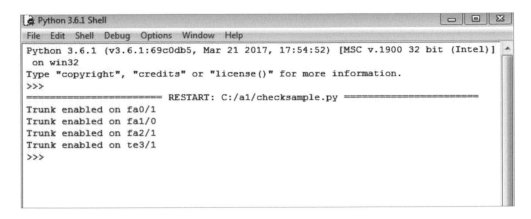

我們需要找到如何區隔每個介面的方法，由於在設定中，每個介面都用 interface 這個字把各個介面區隔開，所以採用 interface 來切割整個字串，將各介面資訊拆分出來。

當我們切割出各個介面資訊之後，利用正規表示式 (fa|te)\d+/\d+ 來比對並取得介面名稱，這代表我們取得以 fa 或是 te 為開頭的字串，後面緊接著 \ 這個符號，接著是任意數量的數字。

跟前面的範例有點類似，但現在只想要取得正在啟動狀態（not shut）的介面，範例如下：

```
import re
sampletext="""
interface fa0/1
switchport mode trunk
no shut

interface fa0/0
no shut

interface fa1/0
switchport mode trunk
no shut
```

```
interface fa2/0
shut

interface fa2/1
switchport mode trunk
no shut

interface te3/1
switchport mode trunk
shut
"""

sampletext=sampletext.split("interface")
#check for interfaces that are in trunk mode
for chunk in sampletext:
    if ("mode trunk" in chunk):
        if ("no shut" in chunk):
            intname=re.search("(fa|te)\d+/\d+",chunk)
            print ("Trunk enabled on "+intname.group(0))
```

程式執行結果如下圖：

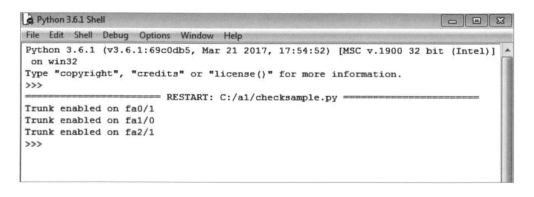

以上一個範例為基礎，我們加上了一些判斷來讓程式可以同時滿足我們需要的條件，也就是同時有 "mode trunk" 以及 "no shut" 在介面設定檔裡面，基於這個條件，te3/1 就被剔除了。

我們也可以利用這種方式來驗證設定檔中的 IP 位址是否正確，只需要利用同樣的方式解析設定檔，取得 IP 位址，驗證 IP 位址是否正確（不管是 IPv4 或 IPv6），如果有設定錯誤的地方，就印出設定錯的 IP 位址。這可以協助我們除錯，有時候複製貼上設定檔時難免會產生的小錯誤，就可以避免影響到線上環境。這同時也代表了我們從此以後不會在線上環境看到錯誤的 IP 位址，因為早就利用程式檢驗過了。

用來驗證裝置設定檔中 IPv4 或 IPv6 位址是否正確的範例如下：

```python
import socket
import re

def validateipv4ip(address):
    try:
        socket.inet_aton(address)
    except socket.error:
        print ("wrong IPv4 IP",address)

def validateipv6ip(address):
    ### for IPv6 IP address validation
    try:
        socket.inet_pton(socket.AF_INET6,address)
    except socket.error:
        print ("wrong IPv6 IP", address)

sampletext="""
ip tacacs server 10.10.10.10
int fa0/1
ip address 25.25.25.298 255.255.255.255
no shut
ip name-server 100.100.100.200
int fa0/0
ipv6 address 2001:0db8:85a3:0000:0000:8a2e:0370:7334
ip logging host 90.90.91.92
int te0/2
ipv6 address 2602:306:78c5:6a40:421e:6813:d55:ce7f
no shut
exit

"""

sampletext=sampletext.split("\n")
for line in sampletext:
    if ("ipv6" in line):
        ipaddress=re.search("(([0-9a-fA-F]{1,4}:){7,7}[0-9a-fA-F]
{1,4}|([0-9a-fA-F]{1,4}:){1,7}:|([0-9a-fA-F]{1,4}:){1,6}:[0-9a-fA-F]
{1,4}|([0-9a-fA-F]{1,4}:){1,5}(:[0-9a-fA-F]{1,4}){1,2}|([0-9a-fA-F]
{1,4}:){1,4}(:[0-9a-fA-F]{1,4}){1,3}|([0-9a-fA-F]{1,4}:){1,3}
(:[0-9a-fA-F]{1,4}){1,4}|([0-9a-fA-F]{1,4}:){1,2}(:[0-9a-fA-F]{1,4})
{1,5}|[0-9a-fA-F]{1,4}:((:[0-9a-fA-F]{1,4}){1,6})|:((:[0-9a-fA-F]{1,4})
{1,7}|:)|fe80:(:[0-9a-fA-F]{0,4}){0,4}%[0-9a-zA-Z]{1,}|::(ffff(:0{1,4})
{0,1}:){0,1}((25[0-5]|(2[0-4]|1{0,1}[0-9]){0,1}[0-9])\.){3,3}(25[0-
5]|(2[0-4]|1{0,1}[0-9]){0,1}[0-9])|([0-9a-fA-F]{1,4}:){1,4}:((25[0-
```

```
5]|(2[0-4]|1{0,1}[0-9]){0,1}[0-9])\.){3,3}(25[0-5]|(2[0-4]|1{0,1}[0-9])
{0,1}[0-9]))",line)
        validateipv6ip(ipaddress.group(0))
    elif(re.search("\d+.\d+.\d+.\d+",line)):
        ipaddress=re.search("\d+.\d+.\d+.\d+",line)
        validateipv4ip(ipaddress.group(0))
```

程式的執行結果如下圖：

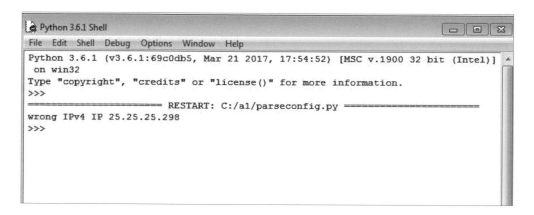

程式將每一行拆開，比對其中是否含有 IPv4 或 IPv6 位址在其中，有的話將其取出，比對 IP 位址格式是否正確，不正確的話就把該 IP 位址印出來。

我們也可以基於類似的模式，創建其他函式，用來驗證設定檔中的設定是否正確。

裝置 OS 升級

有時需要為路由器、交換器或是防火牆做 OS 升級。對一台裝置做升級過程當然是很簡單的，但當你面對許多裝置都需要做升級時，自動化還是比較好的選擇。而不同的裝置有各自的升級方式，像是傳送 IOS 或 OS 映像檔等等，所以需要針對不同裝置撰寫出各自的升級腳本。

如果需要升級一台 Cisco IOS 路由器，有兩個基本的步驟需要執行：

1. 將需要的 OS 或是 IOS 映像檔拷貝到 flash: 或是 bootflash:
2. 更改設定檔，讓路由器讀取新的映像檔

工作一：事前準備（拷貝映像檔）

- 我們需要一個路由器可以連接到的 FTP 伺服器，並且把路由器需要的映像檔放在裡面
- 需要知道映像檔的 MD5 驗證碼，以及映像檔的大小

工作一的範例程式如下：

```python
from netmiko import ConnectHandler
import time

def pushimage(imagename,cmd,myip,imgsize,md5sum=None):
    uname="cisco"
    passwd="cisco"
    print ("Now working on IP address: ",myip)
    device = ConnectHandler(device_type='cisco_ios', ip=myip,
username=uname, password=passwd)
    outputx=device.send_command("dir | in Directory")
    outputx=outputx.split(" ")
    outputx=outputx[-1]
    outputx=outputx.replace("/","")
    precmds="file prompt quiet"
    postcmds="file prompt"
    xcheck=device.send_config_set(precmds)
    output = device.send_command_timing(cmd)
    flag=True
    devicex = ConnectHandler(device_type='cisco_ios', ip=myip,
username=uname, password=passwd)
    outputx=devicex.send_command("dir")
    print (outputx)
    while (flag):
        time.sleep(30)
        outputx=devicex.send_command("dir | in "+imagename)
        print (outputx)
        if imgsize in outputx:
            print("Image copied with given size. Now validating md5")
            flag=False
        else:
            print (outputx)
        if (flag == False):
            cmd="verify /md5 "+imagename
            outputmd5=devicex.send_command(cmd,delay_factor=50)
        if (md5sum not in outputmd5):
            globalflag=True
            print ("Image copied but Md5 validation failed on ",myip)
```

```
        else:
            print ("Image copied and validated on ",myip)
    devicex.send_config_set(postcmds)
    devicex.disconnect()
    device.disconnect()

ipaddress="192.168.255.249"
imgname="c3745-adventerprisek9-mz.124-15.T14.bin"
imgsize="46509636"
md5sum="a696619869a972ec3a27742d38031b6a"
cmd="copy
ftp://ftpuser:ftpuser@192.168.255.250/c3745-adventerprisek9-mz.124-15.
T14.bin flash:"
pushimage(imgname,cmd,ipaddress,imgsize,md5sum)
```

範例展示了如何把 IOS 映像檔推送到路由器上，這裡使用 while 迴圈來持續監控在路由器上的映像檔大小，來確認目前的執行狀態。一旦確認映像檔大小等於我們所設定的大小，就開始進行下一步，確認 MD5 驗證碼是否符合。而當 MD5 驗證碼確認完之後，就會印出推送 IOS 映像檔是否成功的訊息。

我們可以一直使用同一段程式碼來推送映像檔，只要記得修改映像檔名稱、大小，以及 MD5 驗證碼就好。

有一個需要注意的地方是 file prompt quiet 這個指令，我們需要在執行其他指令之前先執行 file prompt quiet 這個指令，這個指令會暫時停止向使用者要求交互確認，如果沒有停止交互確認的話，撰寫的腳本會變得更加複雜。

由於這個指令關閉了交互確認的訊息，在指令執行完畢之後，需要把交互確認訊息重新打開，恢復成一開始的狀態。

工作二：更改路由器的 bootvar，指向新的 OS 映像檔

下面的範例是如何修改 Cisco 的 bootvar，使其指向到我們要讀取的新 IOS 映像檔：

```
from netmiko import ConnectHandler
import time

uname="cisco"
passwd="cisco"
device = ConnectHandler(device_type='cisco_ios', ip="192.168.255.249",
username=uname, password=passwd)
```

```
output=device.send_command("show run | in boot")
print ("Current config:")
print (output)
cmd="boot system flash:c3745-adventerprisek9-mz.124-15.T14.bin"
device.send_config_set(cmd)
print ("New config:")
output=device.send_command("show run | in boot")
print (output)
device.send_command("wr mem")
device.disconnect()
```

範例的執行結果如下圖：

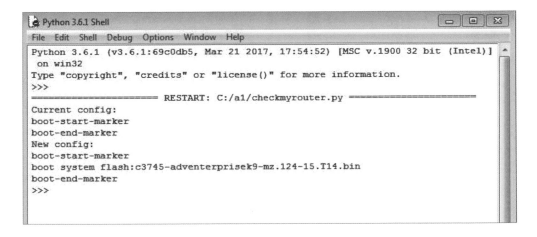

從圖中可以看到，我們利用 send_config_set 這個指令來將設定新映像檔的動作，送到路由器上執行，這個指令會在 config t 的模式下執行。一旦設定完之後，我們利用 show run | in boot 來確認新的 **bootvar** 是否已經指向到新的 OS 映像檔。

所有該確認的東西都確認完之後，就可以執行 wr mem 把設定檔儲存起來。

當這兩項工作完成以後，需要重新啟動路由器使設定生效，重新啟動路由器的方法很多。其中之一就是在路由器上直接執行 reload 指令，但在做這件事之前，必須先確認準備重新啟動的路由器上，沒有線上的流量正在運行，因為如果有的話，使用者在上面的連線會被截斷。而在執行這個指令時，建議管理者登入到路由器上來監控重啟的狀態，也預防如果有意外發生，可以更快的恢復到原始狀態。

IPv4 到 IPv6 的轉換

有很多方法可以讓你把 IPv4 位址轉換到 IPv6 位址。在 Python 3 中，內建了一個名為 ipaddress 的函式庫：

```
import ipaddress

def convertusingipaddress(ipv4address):
    print(ipaddress.IPv6Address('2002::' + ipv4address).compressed)

convertusingipaddress("10.10.10.10")
convertusingipaddress("192.168.100.1")
```

執行的結果如下圖：

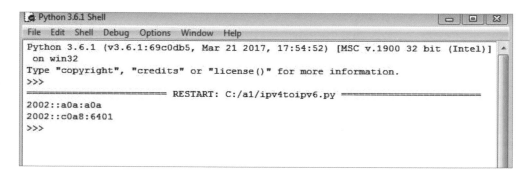

在 ipaddress 函式庫中有許多不同的函式，想知道詳細資訊的話可以參考以下網址：

https://docs.python.org/3/library/ipaddress.html

環境部署

我們常常會接到一些需求，需要快速的做環境部署，將站台上線，而這些環境通常也會有多個廠商的裝置，需要分別做設定。我們可以同時用很多種方式來做環境部署，通常我們會將標準設定檔部署到裝置上，假設裝置之後都會使用標準的 IOS 映像檔，連接標準連接埠，採用標準的設定，之後只要將機器上到機櫃上，接上電源就可以使用了。我們使用稱為 **Stock Keeping Unit**（**SKU**，中文稱**最小存貨單位**）來作為一個特殊環境，可以理解成像是衣服的尺寸。我們利用一些重要的參數，像是使用情境、附載狀況，以及冗餘設計來創造屬於我們的衣服尺寸，或是稱為我們的 SKU。

以最基本的環境來說，假設我們用 **XS** 尺寸代表一個網路環境有一個路由器以及一個交換器，並且是一個內部網路。而交換器會藉由 FastEthernet 0/1 介面（100 Mbps）或是 Gi0/1 介面（1000 Mbps）接到路由器上，而使用者會接到交換器上來存取內部網路。基於 XS 這種尺寸的 SKU 只決定了內容，並沒有決定供應商，我們可以決定要用哪種供應商，像是 Cisco、Dlink 或 Next，一旦決定要用哪個供應商的裝置，就可以開始產生設定檔範本。

設定檔範本會基於以下兩個條件：

- 裝置在網路中的角色
- 來自於哪個供應商

在同一個 XS SKU 中，假設我們採用 Cisco 3064（Cisco Nexus 上跑 Cisco NXOS）作為路由器，而在交換層使用 Alcatel 交換器。確定供應商以及裝置的角色之後，我們就可以很簡單的來創造設定檔範本了。

如同先前提到的，一旦有標準的硬體，我們就可以確保使用的是標準連接埠（像是交換器的上鏈會藉由 Gi1/0 這個介面接到交換器的 Gi1/1 介面），這種設定會確保我們的設定檔範本中有關介面設定的部分，會盡量接近於要部署的環境。

範本設定檔中會包含其他所需要的重要資訊，像是確認下一個未使用的 IP 位址、主機名稱、以及需要設定的路由等等。

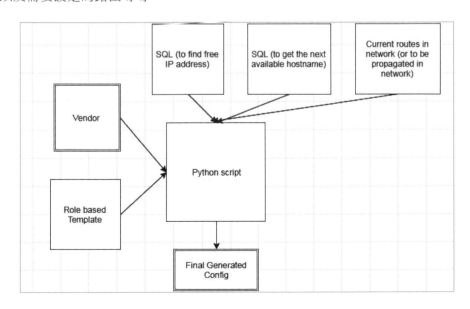

如同我們在圖中所看到的，中間的 Python 腳本呼叫了許多不同的函式（包含初始化所需要的供應商資訊和要使用哪個基本角色的範本），以及取得像是可用的 IP 位址、主機名稱（像是 rtr01 或 rtr05 等等）還有路由資訊（像是需要以 **EIGRP** 廣播 10.10.10.0/255 存在網路中）。每個使用者輸入（基於需求），都被分開置放在不同的 Pyhton 函式中，這樣函式就可以基於不同的輸入值來回傳範本。

舉個例子，我們需要用 Python 從 SQL 資料表中取得目前哪個 IP 還沒有被使用到（可以使用 Python 函式庫 MySQLdb 來做這件事）：

```python
import MySQLdb

def getfreeip():
    # Open database connection
    db = MySQLdb.connect("testserver","user","pwd","networktable" )
    cursor = db.cursor()

    sql = "select top 1 from freeipaddress where isfree='true'"
    try:
        # Execute the SQL command
        cursor.execute(sql)
        # Fetch all the rows in a list of lists.
        results = cursor.fetchall()
        for eachrow in results:
            freeip=eachrow[0]
            return (freeip)
    except:
        print "Error: unable to fetch data"
        return "error in accessing table"
    db.close()


print (getfreeip())
```

這段程式會從資料表中取出一個閒置的 IP 位址，以供其他函式呼叫，組出我們需要的設定檔，當然除了拿出閒置的 IP 之後，還需要將 isfree 這個欄位的值改為 false，以確保下次透過這個函式拿到的會是正確的閒置 IP 位址。

綜和以上的許多範例，我們可以從許多資料表中取得資訊，或是藉由呼叫 API 的方式來得到特別的資訊，也可以將我們取得的資訊作為其他函式的輸入，藉此來產生所需的設定檔範本。當所有設定檔範本所需要的值都填完之後，最終的設定檔就產生完畢了，可以將這個設定檔部署到路由器或網路裝置上。

藉由創造這個基本的設定檔，對應到我們的最小環境，接下來我們即可以這個基本設定檔為基礎，再繼續增加其他的裝置，像是負載平衡裝置、更多的路由器，甚至是其他不同角色的路由器，之後就是基於環境的複雜性來繼續做延伸。

當最後的設定檔產生完畢之後，下一步就是將設定檔部署到路由器上。我們會建議利用路由器的文字介面來做這件事，一旦基礎的設定檔部署完畢，我們就可以透過 SSH 或是 Telnet 的方式來連接到裝置上，連接上裝置之後，就可以把其餘設定檔推送到裝置上。要達成這個目的，我們也可以使用 Netmiko 來做，用它將新的設定檔推送到裝置上。

假設我們把裝置上所有的實體連線，都依照標準連接好之後，下一步就是驗證設定檔是否正確，以及是否有實際的網路連線通過。在這裡也可以利用 Netmiko 來取得路由表、記錄檔或是其他訊息像是介面連線計數器和 BGP 路由表之類的。

我們也可以更進一步的利用 SNMP 來確認目前所有裝置的健康狀況，由於裝置有可能在驗證時回報正常，實際上線的時候卻由於硬體問題，造成連線時間延遲或是掉封包的狀況。這時候我們就可以透過 SNMP 來知道裝置的詳細健康狀況，像是 CPU 和記憶體的使用率，或是目前裝置的溫度和它目前所安裝的模組等等。

辦公室或資料中心的遷移

偶爾會遇到需要遷移裝置，將裝置關機，甚至是將整個站台搬到另一個地點的狀況。遇到這種狀況時，需要做一大堆的預先檢查和預先驗證，來確保目前的網路架構到新的地點，還是可以正確運作無誤。

在混合環境，跟隨著裝置數量的增加，以人力持續追蹤所有的連線、網路資料流、介面的最新狀態以及特定的路由是否正常，是一件很難的事情。而我們可以利用 Python 來自動化的建立基礎的檢查表，只要在遷移前跟遷移後都做一次，就可以確保遷移前後的狀態是一致的。

舉個例子，建立一個腳本用來做檢查，並將遷移前後的狀態儲存為不同的檔案名，分別叫做 pre-check 跟 post-check：

```python
from netmiko import ConnectHandler
import time

def getoutput(cmd):
    uname="cisco"
    passwd="cisco"
    device = ConnectHandler(device_type='cisco_ios', ip="192.168.255.249", username=uname, password=passwd)
    output=device.send_command(cmd)
    return (output)


checkprepost=input("Do you want a pre or post check [pre|post]: ")
checkprepost=checkprepost.lower()
if ("pre" in checkprepost ):
    fname="precheck.txt"
else:
    fname="postcheck.txt"

file=open(fname,"w")
file.write(getoutput("show ip route"))
file.write("\n")
file.write(getoutput("show clock"))
file.write("\n")
file.write(getoutput("show ip int brief"))
file.write("\n")

print ("File write completed",fname)

file.close()
```

範例的執行結果如下：

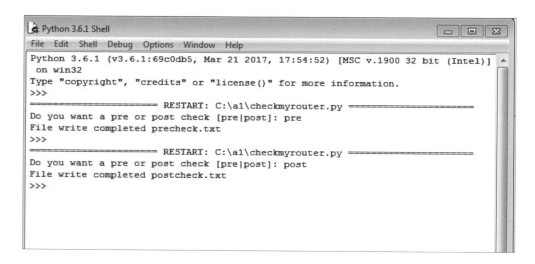

假設 precheck.txt 是在遷移之前執行的，而 postcheck.txt 是在遷移之後執行的。
讓我們寫個小程式來比較兩個檔案，並列出不同之處。

Python 有一個函式庫叫做 difflib 可以用來做這件事：

```
import difflib

file1 = "precheck.txt"
file2 = "postcheck.txt"

diff = difflib.ndiff(open(file1).readlines(),open(file2).readlines())
print (''.join(diff),)
```

執行結果如下圖：

```
Python 3.6.1 Shell
File  Edit  Shell  Debug  Options  Window  Help
Python 3.6.1 (v3.6.1:69c0db5, Mar 21 2017, 17:54:52) [MSC v.1900 32 bit (Intel)] on win32
Type "copyright", "credits" or "license()" for more information.
>>>
===================== RESTART: C:/a1/diffcheck.py =====================
 Codes: C - connected, S - static, R - RIP, M - mobile, B - BGP
        D - EIGRP, EX - EIGRP external, O - OSPF, IA - OSPF inter area
        N1 - OSPF NSSA external type 1, N2 - OSPF NSSA external type 2
        E1 - OSPF external type 1, E2 - OSPF external type 2
        i - IS-IS, su - IS-IS summary, L1 - IS-IS level-1, L2 - IS-IS level-2
        ia - IS-IS inter area, * - candidate default, U - per-user static route
        o - ODR, P - periodic downloaded static route

 Gateway of last resort is not set

      192.168.255.0/30 is subnetted, 1 subnets
 C       192.168.255.248 is directly connected, FastEthernet0/0
- *00:05:31.431 UTC Fri Mar 1 2002
?     ^ - -
+ *00:05:54.143 UTC Fri Mar 1 2002
?     ^^^
 Interface              IP-Address      OK? Method Status                Protocol
 FastEthernet0/0        192.168.255.249 YES NVRAM  up                    up
 Serial0/0              unassigned      YES NVRAM  administratively down  down
 FastEthernet0/1        unassigned      YES NVRAM  administratively down  down
 FastEthernet1/0        unassigned      YES NVRAM  administratively down  down

>>>
```

我們可以看到程式將 precheck.txt 跟 postcheck.txt 這兩個檔案每一行拿出來做比對，有任何不同的地方就印出來，而不同的地方前面都會加上 + 或是 – 的符號，開頭加上 – 的符號代表是第一個檔案（precheck.txt）的內容，而開頭加上 + 的符號是來自於第二個檔案（postcheck.txt）。使用這個方法可以很快地驗證這兩個檔案的不同之處，並且在遷移之後針對不同的地方做修復。

我們也常會需要利用腳本來自動備份目前的設定檔，以這個情況當例子，假設是明天要做遷移，如果希望在開始前先備份設定檔的話，可以這樣做：

```python
from netmiko import ConnectHandler

def takebackup(cmd,rname):
    uname="cisco"
    passwd="cisco"
    device = ConnectHandler(device_type='cisco_ios', ip=rname,
username=uname, password=passwd)
    output=device.send_command(cmd)
    fname=rname+".txt"
    file=open(fname,"w")
    file.write(output)
    file.close()
```

```
# assuming we have two routers in network
devices="rtr1,rtr2"
devices=devices.split(",")

for device in devices:
    takebackup("show run",device)
```

這個腳本會將在裝置列表內的裝置一個一個分析過，並執行 show run 指令，將 show run 的輸出存到各自的檔案中（在這邊是用傳到函式的裝置名稱或 IP 位址），有了這個腳本之後，下一個問題就是，要用什麼方式定時跑這個腳本？在 Linux 可以利用 cron 來做這件事，而 Windows 也可以利用工作排程器來做一樣的事情。

以下的步驟展示了如何在工作排程器新增一個工作：

1. 在 Windows 開啟**工作排程器**：

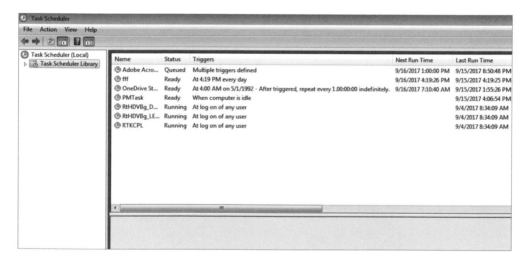

2. 在工作排程器右側，點擊**新增排程**：

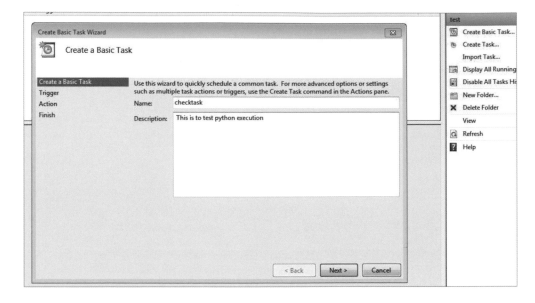

3. 點擊**下一步**，選取工作頻率：

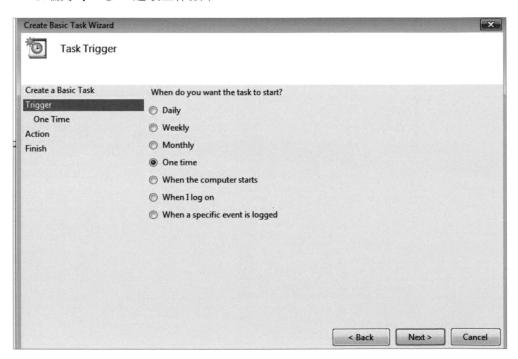

4. 點擊**下一步**，選擇時間，再點擊**下一步**，到**啟動程式**的部分，這時候需要依照顯示出來的螢幕截圖來輸入。必須提供 python.exe 的完整路徑以及加入執行參數（要執行的腳本位置），記得在參數的地方要用雙引號（"）。

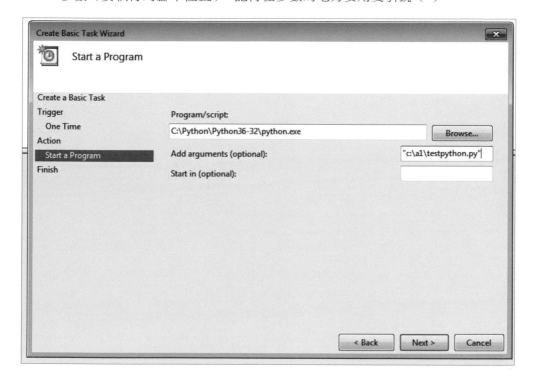

5. 在最後一頁，點擊**結束**來創建這個工作：

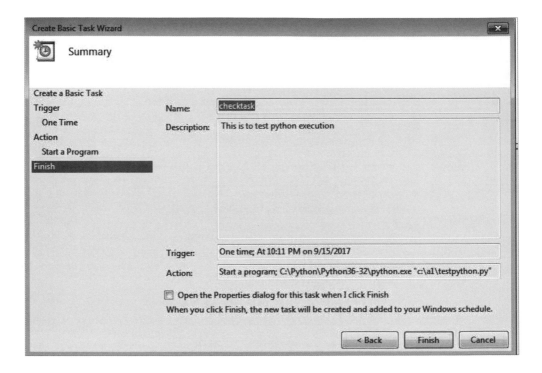

當這些事情都做完之後，可以手動跑一次試試看，右擊剛創建出來的工作，再點擊**執行**。如果執行成功，它跑完就會回到工作排程器，之後它就會在你指定的時間自動執行了。

我們也可以用同樣的方式來定時執行這個服務，不管是每天或是每小時，只需要依照你的需求設定就可以了。

程式開始自動定時執行之後，我們就有一個基準，並且可以得到最後一份完整可執行的設定檔。

交換器的攜帶自有裝置設定

在網路裝置增加得越來越快的現代，我們需要一種新的架構設計，來適應交換器和路由器的快速擴張需求。而有時候我們會因為一些特殊需求，需要加入特定的裝置到我們的網路中，來達成這個需求。

又或者是為了節省成本，在擴張時需要加入其他供應商的裝置到網路之中。這通常會發生在特定的辦公室或站台有特殊需求時，在這種狀況下，需要加入特定供應商的裝置，來達成使用者的需求。

在上述的眾多情境之中，我們需要注意一件事情，為了達成這些特殊的需求，會需要使用多個供應商的裝置來滿足不同的需求，單一供應商是不夠的。為了這點，我們來介紹一下 BYOD 這個詞。BYOD 是一種新標準，用來把我們目前的 SKU 跟設計，與新的設計、硬體及架構做結合。就像是把行動電話加入到公司的無線網路一樣簡單，或是再複雜一點點，將特定供應商的裝置加入到目前的網路中。

架構師有很好的方法，來預測和確保目前的網路設計及架構能夠符合需求。通常在設計之初，就會考慮到在一個網路上有多個供應商裝置的情況，但有時候供應商會有專屬的技術，跟我們的設計會有所牴觸。舉個例子，像是 Cisco 有所謂的鄰近裝置發現協定，叫做 **CDP**，這是用來看目前的裝置上連接了哪些其他的 Cisco 裝置。聽起來很不錯，不過如果要使用 CDP 協定，你的所有裝置都得是 Cisco 的才行。還有另一種協定叫做 **LLDP（鏈路層發現協定，Link Layer Discovery Protocol）**，這個協定做的事情跟 CDP 很像，不過它是開放原始碼的專案，所以所有廠商（包含 Cisco）都可以使用這個協定來發現其他裝置。

現在我們有 Cisco CDP，是 Cisco 專屬的協定，Cisco 會確保特定的參數只有在使用 CDP 的時候才能被交換或發現，這也代表需要使用 CDP 協定的都必須是 Cisco 裝置。

而另一方面，我們有開放原始碼的 LLDP 協定，這是由**網際網路工程任務小組**（**IETF**）所制定的標準，它只包含了有限的參數，但所有的廠商幾乎都會支援，廠商只需要遵循開放的標準來實作，就可以有跨平台和硬體的相容性，這也導致有的供應商（如 Cisco）不發送或是接受部分特定的參數。回到一開始說的，在一開始設計架構時就需要考慮進去，需要確保我們在多供應商的環境，可以利用這個資訊作為基準來運作我們的自動化網路。類似 LLDP 的狀況也會在路由協議中發現，像是利用 OSPF 或 BGP 來取代 EIGRP（Cisco 的裝置才能使用）。

如同先前所說的，我們在利用 BYOD 的概念設計網路時，需要知道裝置的角色，或是針對特定供應商的範本要如何被創造才能發揮它的效果。以開放標準來說的話，首先需要以通用設定來設計範本，而有關特定供應商的專屬設定可以晚點再放進來。

SNMP 是一個很強大的協定，它可以幫助我們管理許多不同供應商的裝置，甚至在 BYOD 策略的狀況下也一樣。在基礎的設定檔中開啟 SNMP 以及指定唯讀群組字串後，就可以利用 Python 來創造腳本，用來從 BYOD 裝置讀取基本的資訊。舉個例子，假設我們有兩個裝置，需要知道它的廠牌與型號：

```python
from pysnmp.hlapi import *

def finddevices(ip):
    errorIndication, errorStatus, errorIndex, varBinds = next(
        getCmd(SnmpEngine(),
                CommunityData('public', mpModel=0),
                UdpTransportTarget((ip, 161)),
                ContextData(),
                ObjectType(ObjectIdentity('SNMPv2-MIB', 'sysDescr', 0)))
    )

    if errorIndication:
        print(errorIndication)
    elif errorStatus:
        print('%s at %s' % (errorStatus.prettyPrint(),
                            errorIndex and varBinds[int(errorIndex) - 1]
[0] or '?'))
    else:
        for varBind in varBinds:
            print(' = '.join([x.prettyPrint() for x in varBind]))

ipaddress="192.168.255.248,192.168.255.249"
ipaddress=ipaddress.split(",")
```

```
for ip in ipaddress:
    print (ip)
    finddevices(ip)
    print ("\n")
```

範例的執行結果如下：

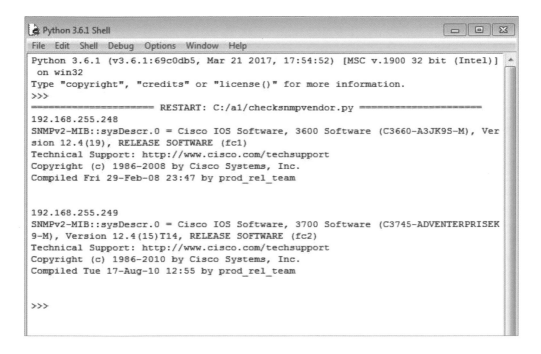

我們可以從圖中看到，只需要知道 IP 位址以及 SNMP OID，也就是 SNMPv2-MIB.
sysDescr，並取得裝置的回覆即可。在範例中，可以看到 Cisco 3600 和 Cisco 3700 兩
台裝置。根據這些回傳的資訊，就可以開始撰寫設定檔了。

在 BYOD 策略下，我們還需要做一些其他的工作。假設有一台行動電話需要連接到我們
的網路，它需要的是連接到公司網路的方法，以及一些需要套用的政策，像是檢查手機
的作業系統版本以及是否安裝了防毒軟體等等。基於執行的結果，這個裝置可能被放置
到另一個被稱為隔離區的 VLAN 中，這個 VLAN 只能存取被限制的網路，或是被放置
到公司網路中，可以存取所有公司的資源。

我們可以用類似的方法來實作交換器的 BYOD 策略，做一系列的檢查，來確保裝置適合連接到我們網路中。為此，我們必須為不同的裝置制定一些政策。

假設我們的政策是，裝置必須是 Cisco 的，而且必須有名為 FastEthernet0/0 的介面：

```python
from pysnmp.hlapi import *
from pysnmp.entity.rfc3413.oneliner import cmdgen

cmdGen = cmdgen.CommandGenerator()

def validateinterface(ip):
    errorIndication, errorStatus, errorIndex, varBindTable = cmdGen.
bulkCmd(
        cmdgen.CommunityData('public'),
        cmdgen.UdpTransportTarget((ip, 161)),
        0,25,
        '1.3.6.1.2.1.2.2.1.2',
        '1.3.6.1.2.1.2.2.1.7'
    )
    flag=False
    # Check for errors and print out results
    if errorIndication:
        print(errorIndication)
    else:
        if errorStatus:
            print('%s at %s' % (
                errorStatus.prettyPrint(),
                errorIndex and varBindTable[-1][int(errorIndex)-1] or '?'
                )
            )
        else:
            for varBindTableRow in varBindTable:
                for name, val in varBindTableRow:
                    if ("FastEthernet0/0" in val.prettyPrint()):
                        flag=True
    if (flag):
        return True
    else:
        return False

def finddevice(ip):
    errorIndication, errorStatus, errorIndex, varBinds = next(
        getCmd(SnmpEngine(),
```

```
            CommunityData('public', mpModel=0),
            UdpTransportTarget((ip, 161)),
            ContextData(),
            ObjectType(ObjectIdentity('SNMPv2-MIB', 'sysDescr', 0)))
    )

    if errorIndication:
        print(errorIndication)
    elif errorStatus:
        print('%s at %s' % (errorStatus.prettyPrint(),
                            errorIndex and varBinds[int(errorIndex) - 1]
[0] or '?'))
    else:
        for varBind in varBinds:
            if ("Cisco" in varBind.prettyPrint()):
                return True
    return False

mybyoddevices="192.168.255.249,192.168.255.248"
mybyoddevices=mybyoddevices.split(",")
for ip in mybyoddevices:
    getvendorvalidation=False
    getipvalidation=False
    print ("Validating IP",ip)
    getipvalidation=validateinterface(ip)
    print ("Interface has fastethernet0/0 :",getipvalidation)
    getvendorvalidation=finddevice(ip)
    print ("Device is of vendor Cisco:",getvendorvalidation)
    if getipvalidation and getvendorvalidation:
        print ("Device "+ip+" has passed all validations and eligible for
BYOD")
        print ("\n\n")
    else:
        print ("Device "+ip+" has failed validations and NOT eligible for
BYOD")
        print ("\n\n")
```

範例的執行結果如下：

```
Python 3.6.1 Shell

File  Edit  Shell  Debug  Options  Window  Help

Python 3.6.1 (v3.6.1:69c0db5, Mar 21 2017, 17:54:52) [MSC v.1900 32 bit (Intel)]
 on win32
Type "copyright", "credits" or "license()" for more information.
>>>
====================== RESTART: C:/a1/checkbyod.py ======================
Validating IP 192.168.255.249
Interface has fastethernet0/0 : True
Device is of vendor Cisco: True
Device 192.168.255.249 has passed all validations and eligible for BYOD


Validating IP 192.168.255.248
Interface has fastethernet0/0 : True
Device is of vendor Cisco: True
Device 192.168.255.248 has passed all validations and eligible for BYOD
```

我們列出了兩個裝置，並利用 SNMP 來取得介面資訊，接著驗證是否符合我們指定的條件來回傳 True 或 False，如果是 True 的話，就表示通過我們設定的條件，可以認定為合法的 BYOD 裝置。

讓我們修改一下上面的範例，假設任何有乙太網路介面的裝置，都不能當做合法的 BYOD 裝置的話：

```python
from pysnmp.hlapi import *
from pysnmp.entity.rfc3413.oneliner import cmdgen

cmdGen = cmdgen.CommandGenerator()

def validateinterface(ip):
    errorIndication, errorStatus, errorIndex, varBindTable = cmdGen.
bulkCmd(
        cmdgen.CommunityData('public'),
        cmdgen.UdpTransportTarget((ip, 161)),
        0,25,
        '1.3.6.1.2.1.2.2.1.2',
        '1.3.6.1.2.1.2.2.1.7'
    )
    flag=False
    # Check for errors and print out results
    if errorIndication:
        print(errorIndication)
```

```python
        else:
            if errorStatus:
                print('%s at %s' % (
                    errorStatus.prettyPrint(),
                    errorIndex and varBindTable[-1][int(errorIndex)-1] or '?'
                    )
                )
            else:
                for varBindTableRow in varBindTable:
                    for name, val in varBindTableRow:
                        if ((val.prettyPrint()).startswith("Ethernet")):
                            return False
                        if ("FastEthernet0/0" in val.prettyPrint()):
                            flag=True
    if (flag):
        return True
    else:
        return False


def finddevice(ip):
    errorIndication, errorStatus, errorIndex, varBinds = next(
        getCmd(SnmpEngine(),
                CommunityData('public', mpModel=0),
                UdpTransportTarget((ip, 161)),
                ContextData(),
                ObjectType(ObjectIdentity('SNMPv2-MIB', 'sysDescr', 0)))
    )

    if errorIndication:
        print(errorIndication)
    elif errorStatus:
        print('%s at %s' % (errorStatus.prettyPrint(),
                            errorIndex and varBinds[int(errorIndex) - 1]
[0] or '?'))
    else:
        for varBind in varBinds:
            if ("Cisco" in varBind.prettyPrint()):
                return True
    return False
mybyoddevices="192.168.255.249,192.168.255.248"
mybyoddevices=mybyoddevices.split(",")
for ip in mybyoddevices:
    getvendorvalidation=False
    getipvalidation=False
    print ("Validating IP",ip)
    getipvalidation=validateinterface(ip)
```

```
print ("Device has No Ethernet only Interface(s) :",getipvalidation)
getvendorvalidation=finddevice(ip)
print ("Device is of vendor Cisco:",getvendorvalidation)
if getipvalidation and getvendorvalidation:
    print ("Device "+ip+" has passed all validations and eligible for
BYOD")
    print ("\n\n")
else:
    print ("Device "+ip+" has failed validations and NOT eligible for
BYOD")
    print ("\n\n")
```

範例的執行結果如下：

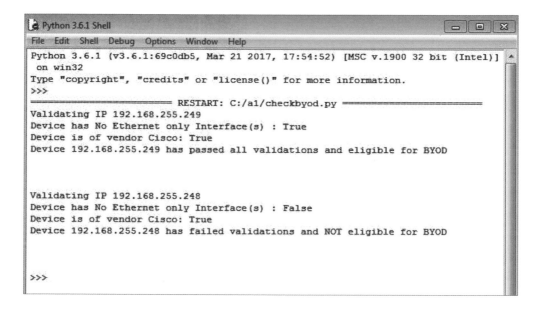

如同圖中所看到的，我們驗證了所有以 Ethernet 開頭的介面名稱，這是利用函式 string.startswith(" 驗證字串 ") 來做的，這個函式會比對字串是否以你設定的字來作為開頭。以這個範例來說，IP 192.168.255.248 的裝置有一個乙太網路介面，所以在驗證是否有 Ethernet 開頭的介面名稱時會回傳 True。而在我們的驗證中，這代表了驗證失敗，因為我們不希望有任何 Ethernet 開頭的介面名稱，所以這個裝置不會被接受為一個 BYOD 裝置。

基於同樣的作法，可以做一些其他的檢查，來確保加入網路的 BYOD 裝置都通過我們所設定的條件。

結語

本章介紹了許多複雜的狀況，像是站台遷移以及驗證如何執行，或是如何在多供應商的環境下建立範本，以及為各種不同的裝置產生專屬的設定檔，還有 IPv4 和 IPv6 的遷移技術。

我們專注在提取特殊的資料，像是 IP 位址、驗證資料格式，以驗證後的資料為依據確認是否接受等等，也討論到了環境部署以及 BYOD 的策略等等。

在下一章，將討論跟介紹有關網頁介面的部分，這可以幫助我們打造自己的 API，並且可以從任何地方存取這個以瀏覽器為基礎的 Python 腳本。

由網頁觸發的
自動化

現在我們學會了越來越多關於 Python 以及編寫程序的技術的知識，下一步是確保使用者可以正常地在自己的環境執行腳本，不受到平台或是 OS 的影響。

本章的重點在於將腳本放到網頁框架中執行，涵蓋以下主題：

- 創建透過網頁執行的腳本
- 從 HTML 或是動態 HTML 執行腳本
- 理解和設定 IIS 上的網頁框架
- 基本的 API 介紹，並以 C# 作為範例
- 在 Python 中使用 API
- 利用範例了解整個自動化網頁框架

為什麼需要基於網頁的腳本 / 框架

網頁框架本身就是一堆腳本 / 程式所組成，通常會建立在網頁平台，像是在 Windows 平台上的**網際網路資訊服務**（IIS, Internet Information Services），或是在 Linux 平台上的 Apache，它們都使用同樣的網頁描述語言（HTML）來提供服務。

很多人會問：為什麼我需要把現在的腳本，或是新建的腳本放在網頁框架上執行？

答案很簡單，網頁框架讓你的腳本只需要透過瀏覽器，就可以被眾多的使用者使用。這也讓程式開發者可以隨意地選擇它們的環境，不管是開發在 Windows 上或是 Linux 上，只要使用者透過瀏覽器就可以執行，不受環境的影響。而開發者也不需要知道你怎麼使用它們的程式碼，或是你如何呼叫以及用在後端程式，更好的是，這也避免你的程式碼直接被使用者看到。

假設你寫了一個程式，它呼叫了四、五個函式庫來做一些特別的工作。呼叫的都是使用函式庫，可是如同我們在之前所提過的，有些函式庫需要安裝才可以被使用。在這種情況，如果要確保使用者可以執行你的程式，使用者也需要在它們的機器上安裝相同的函式庫才行。而且也需要讓他們的機器可以執行 Python，不然程式是沒辦法被執行的。而為了執行一個小程式，使用者就必須部署它們的環境，安裝 Python，及安裝函式庫等等的操作。

這些動作在大部分使用者身上是不可行的，有時候使用者在他們的機器上是被限制的，像是無法安裝程式等等，所以就算你跟使用者說了這些必要條件，使用者還是沒辦法執行你的程式。但是使用者如果可以使用瀏覽器操作你的程式，就像他們在瀏覽其他網頁一樣，這就確保了你的程式可以更有效率地被更多使用者所使用。

瞭解並設置 IIS 有關網頁框架的部分

接著我們會把重點放在解釋什麼是 IIS，以及如何設置它，確保 Python 腳本可以在這個強大的網頁伺服器上被執行。

瞭解 IIS

IIS 是內建於 Windows 系統的網頁伺服器服務，換句話說，如果在 Windows 機器上啟用之後，立刻就有一個網頁伺服器。我們可以透過**新增或移除應用程式**來啟用 IIS，啟用之後，它不只可以作為網頁伺服器，還可以作為 FTP 伺服器或是其他角色。

下面的螢幕截圖顯示了，當你安裝完 IIS 後，在 Windows 打開 IIS 的畫面：

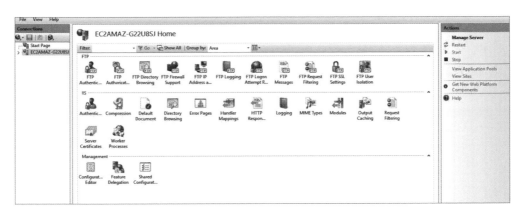

如同在圖中所看到的，左邊顯示了伺服器名稱，右邊顯示了我們可以調整的各項參數。

當你在**新增或移除應用程式**安裝 IIS 時，務必勾選安裝**通用閘道器介面**（**CGI, Common Gateway Interface**）。再點選安裝 IIS 之後，會顯示出可安裝的其他項目列表，在此時就可以勾選安裝通用閘道器介面。如果沒有安裝通用閘道器介面，Python 腳本在網頁伺服器上將會執行失敗。

設定 IIS 的 Python 執行環境

現在來修改 IIS 設定，讓 Python 腳本可以在網頁伺服器上執行，使用者才有辦法利用 URL 來呼叫網頁伺服器執行 Python 腳本。

執行以下步驟：

1. 展開左側的項目，可以看到預設的網站。右擊該選項，點選**新增應用程式**。點擊之後可以看到畫面如下：

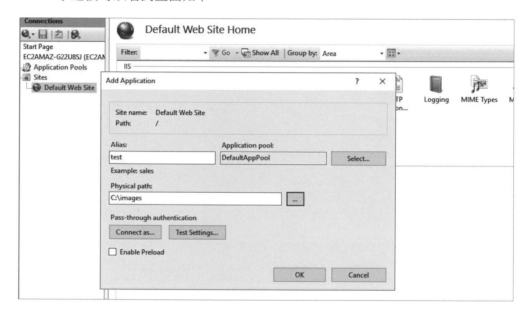

在畫面中，必須輸入兩個值：

- **別名：**這個值將會作為網站 URL 的一部份，舉例像是： http://<servername>/test，這個 URL，名稱 test 就是別名。

- **實際路徑：**指出你的腳本在伺服器上的真實位置，舉例像是： testscript.py 這個腳本的儲存位置，設置完之後就可以在瀏覽器中，利用 http://<server IP>/test/testscript.py 這個 URL 來呼叫。

  完成這兩個值的設定，點擊確認，我們的網站就建立好了。

2. 現在我們可以設置 Python 腳本執行所使用的 Python 直譯器，創建完網站之後，會看到右邊窗格有個選項叫做**處理常式對應**，雙擊它來打開設定視窗，畫面如下。點擊右側的**新增指令碼對應**來將 Python 加進去。

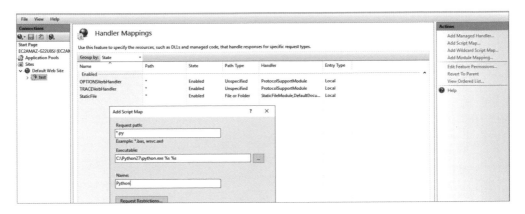

在這邊有三個值需要輸入：

- **要求路徑：**輸入 *.py，因為我們想要將結尾是 .py 的檔案都給 Python 直譯器執行。

- **執行檔：**這是最重要的一部份，這裡填入的是 python.exe 的實際位置，需要填入 python.exe 的完整路徑。在填完路徑之後，後面要加上兩次 %s，讓 IIS 網頁伺服器可以將參數往後傳遞給 Python 直譯器。舉例來說，如果我們的 Python 安裝在 C:\Python，這邊填的值就會像是：

  ```
  C:\Python:\python.exe %s %s
  ```

- **名稱：**這個設定檔的識別名，可以取任意名稱。

3. 在**新增指令碼對應**的畫面中，可以看到有個按鈕叫做**要求限制**，點擊該按鈕，打開**存取**分頁，點選**執行**後，點擊**確定**：

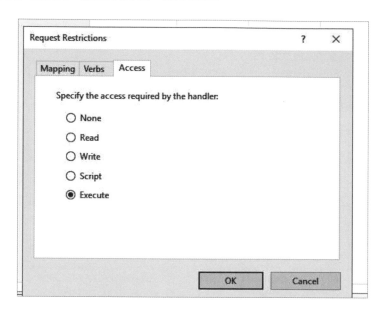

4. 再次點擊完**確定**之後，IIS 會跳出一個提示視窗，確認是否要加入這個擴充程式，在這邊點擊**是**，讓剛剛的設定生效。

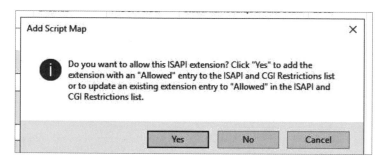

5. 最後一個步驟，點擊剛剛產生的指令碼對應名稱（在本例中是 Python），點選右側的**編輯功能選項**。對話框出現後，勾選**執行**。

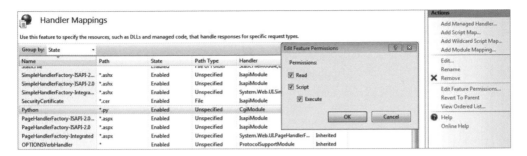

當這些步驟都做完之後，我們的網頁伺服器就可以執行 Python 腳本了。

網頁伺服器開始執行之後，可以用瀏覽器開啟 http://localhost，來測試確認伺服器是否啟動，在瀏覽器中應該會看到 IIS 的歡迎頁面。如果沒有的話，就要重新檢查剛剛的步驟是否都有作對。

建立網頁使用的腳本

現在有環境可以跑腳本了，首先，建立一個基本的腳本，測試是不是真的可以用網頁伺服器來執行：

```
print('Content-Type: text/plain')
print('')
print('Hello, world!')
```

在 IDLE 中，輸入上面的程式碼，並將它存成 Python 檔案（像是 testscript.py）。如同剛剛提到的，這支 Python 腳本必須儲存在剛剛設定的目錄下，確保網頁伺服器可以找到這個腳本來執行。

當你從瀏覽器執行這個腳本時，結果如下圖：

- 從圖中我們可以看到，我們的瀏覽器存取的是 localhost 這個 URL 執行腳本，輸出了 "Hello,world!" 這個字串，也正是我們在腳本中要輸出的。
- 而開頭輸出的 "Content-Type: text/plain"，指示瀏覽器，之後顯示的是純文字，而不是 HTML。

現在略微修改這個腳本，讓它輸出 HTML：

```
print('Content-Type: text/html')
print('')
print("<font color='red'>Hello, <b>world!</b></font>")
```

修改之後的執行結果如下：

如同我們修改的，將第一行程式改成了 "Content-Type: text/html"，這告訴瀏覽器，之後顯示的是 HTML，而我們將本來顯示的 Hello, 改成了紅色，world! 利用粗體做顯示。在實際應用上，常會利用顏色和粗體來顯示通過、失敗、或是其他訊息，讓使用者可以看得更清楚。

讓我們看另一個例子，用 HTML 表格顯示出五的倍數：

```
print('Content-Type: text/html')
print('')
value=5
xval=0
tval="<table border='1' style='border-collapse: collapse'><tr><th>Table
for "+str(value)+"</th></tr>"
for xval in range(1,11):
    mval=value*xval
```

```
tval=tval+"<tr><td>"+str(value)+"</td><td>*</td><td>"+str(xval)+"</td><td>=
</td><td><font color='blue'><b>"+str(mval)+"</b></font></td></tr>"

tval=tval+"</table>"

print(tval)
```

程式的執行結果如下圖：

Table for 5				
5	*	1	=	**5**
5	*	2	=	**10**
5	*	3	=	**15**
5	*	4	=	**20**
5	*	5	=	**25**
5	*	6	=	**30**
5	*	7	=	**35**
5	*	8	=	**40**
5	*	9	=	**45**
5	*	10	=	**50**

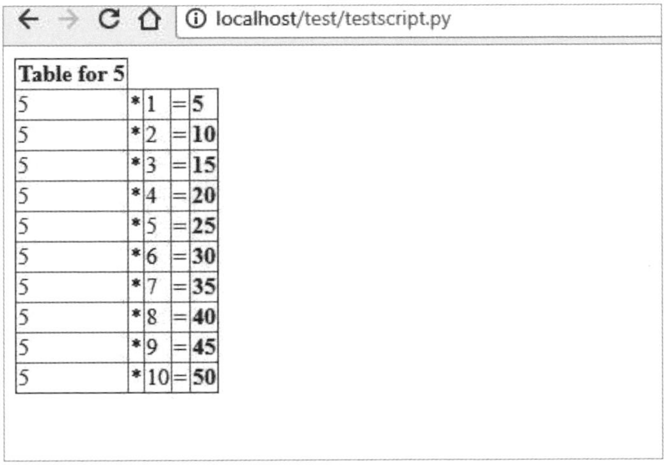

- 從圖中可以看到，第一行指出了該文件的型態是 HTML，而接下來幾行，宣告了一個變數名 `value` 並指定其值為 5，接著利用迴圈建立一個 HTML 表格，儲存在 `tval` 變數中。
- 最後一行把 `tval` 變數印出來，讓瀏覽器可以解析這個 HTML 文件。

稍微修改一下這個範例，一樣建立一個表格，但是這次讓使用者從網頁輸入數字。換句話說，原來的表格是基於 5 這個數字產生的，但現在要讓使用者用它們輸入的數字來產生這個表格：

```
import cgi

form = cgi.FieldStorage()
value=int(form.getvalue('number'))

print('Content-Type: text/html')
print('')
xval=0
```

```
tval="<table border='1' style='border-collapse: collapse'><tr><th>Table for
"+str(value)+"</th></tr>"
for xval in range(1,11):
    mval=value*xval
tval=tval+"<tr><td>"+str(value)+"</td><td>*</td><td>"+str(xval)+"</td><td>=
</td><td><font color='blue'><b>"+str(mval)+"</b></font></td></tr>"

tval=tval+"</table>"

print(tval)
```

程式的執行結果如下圖：

Table for 8				
8	*	1	=	**8**
8	*	2	=	**16**
8	*	3	=	**24**
8	*	4	=	**32**
8	*	5	=	**40**
8	*	6	=	**48**
8	*	7	=	**56**
8	*	8	=	**64**
8	*	9	=	**72**
8	*	10	=	**80**

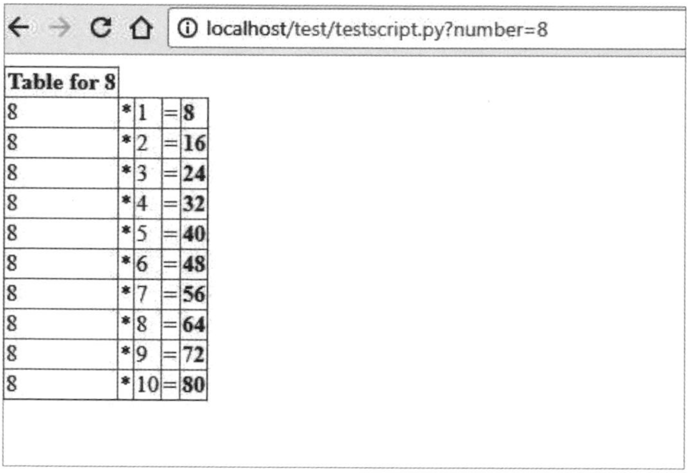

- 我們將數字利用 URL 的方式傳遞到程式裡面（`http://localhost/test/testscript.py?number=8`），可以看到我們要指定的值前面有個問號，這是用來將問號後面的值作為變數傳遞到程式中的固定用法，以作為程式的輸入值。這個程式引入了一個內建函式庫 `cgi` 以從瀏覽器讀取變數值。

- 下面這兩行程式：

```
form = cgi.FieldStorage()
value=int(form.getvalue('number'))
```

用來將瀏覽器回傳的表格儲存到變數 form 中，再從 form 變數中取出名為 number 的參數。參數回傳的時候一定是字串型態，所以我們必須將資料型態轉換到我們需要的型態。

- 變數 value 現在存了我們從瀏覽器取得的數字，其餘的部分就跟上一個範例一樣。

從上面的例子可以看到，使用者只需要呼叫這個腳本，並設定它們需要的值，不需要管後端的邏輯或是程式。對開發者來說，如果在腳本中發現了錯誤，只要直接在網頁伺服器上修正，之後使用者就可以得到正確的結果。這同時也節省了使用者的時間，它們不用再從某個地方下載最新的程式碼，再重新執行。有時候只利用網址的參數來傳遞數值會有點難，這時候，我們可以使用 form 這個 HTML 標籤來傳遞值給我們所寫的程式。

舉個例子，程式需要使用者輸入它們的名字，以及一個數字用來產生表格，並且輸出表格並叫出使用者的名字。

HTML 程式碼如下：

```
<html>
<form action="testscript.py" method="get">
 Enter your name: <br>
  <input type="text" name="name">
  <br>
  Enter your number:<br>
  <input type="text" name="number">
  <br><br>
  <input type="submit" value="Submit">
</form>
</html>
```

Python 程式碼如下：

```
import cgi

form = cgi.FieldStorage()
value=int(form.getvalue('number'))
callername=form.getvalue('name')
```

```
print('Content-Type: text/html')
print('')
xval=0
tval="<h2>Hello <font color='red'>"+callername+"</font><h2><br><h3>Your
requested output is below:</h3>"
tval=tval+"<table border='1' style='border-collapse:
collapse'><tr><th>Table for "+str(value)+"</th></tr>"
for xval in range(1,11):
    mval=value*xval
tval=tval+"<tr><td>"+str(value)+"</td><td>*</td><td>"+str(xval)+"</td><td>=
</td><td><font color='blue'><b>"+str(mval)+"</b></font></td></tr>"

tval=tval+"</table>"

print(tval)
```

程式的執行結果如下：

HTML Page

我們使用 HTML 的表格來取得使用者的輸入，以供程式使用。在這個例子中，詢問了使用者的名字，以及它想要用來產生表格的數字。一旦使用者輸入完之後，可以點擊 **Submit** 按鈕來將值傳遞給我們的程式：

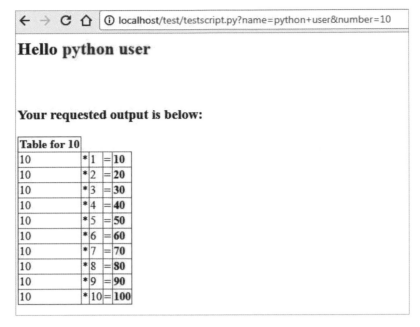

Script Output

當使用者點擊 **Submit** 按鈕之後，它所輸入的值就會被傳遞到後端的程式。利用 `form.getvalue()` 這個函式將值從 HTML 元素中取出來。取到值之後，程式就開始依照所寫的邏輯來做處理及回傳。以這個例子來說，使用者的名字以及計算出來的表格，會被輸出到瀏覽器裡面來做顯示。

接下來我們修改一下這個程式，讓它輸入我們的裝置 IP 位址，以及要送給裝置執行的指令：

```html
<html>
<form action="getweboutput.py" method="get">
 Enter device IP address: <br>
  <input type="text" name="ipaddress">
  <br>
  Enter command:<br>
  <input type="text" name="cmd">
  <br><br>
  <input type="submit" value="Submit">
</form>
</html>
```

在這個範例中，唯一的不同點是，我們改成了呼叫 getweboutput.py 這個腳本，來接收使用者輸入的裝置 IP 位址以及指令。

以下是 Python 的範例程式碼：

```python
import cgi
from netmiko import ConnectHandler
import time

form = cgi.FieldStorage()
ipvalue=form.getvalue('ipaddress')
cmd=form.getvalue('cmd')

def getoutput(cmd):
    global ipvalue
    uname="cisco"
    passwd="cisco"
    device = ConnectHandler(device_type='cisco_ios', ip=ipvalue,
username=uname, password=passwd)
    output=device.send_command(cmd)
    return (output)

print('Content-Type: text/plain')
print('')
print ("Device queried for ",ipvalue)
print ("\nCommand:",cmd)
print ("\nOutput:")
print (getoutput(cmd))
```

這段程式碼接收了使用者從瀏覽器輸入的 IP 位址以及要發送到路由器的指令。這邊用到的 Netmiko，跟在第二章用到的一樣，我們利用這個函式庫來取得資訊，再利用 getoutput() 函式來做輸出。

範例一：提供 IP 位址以及指令 show clock

Landing Page

點擊 **Submit** 按鈕送出：

範例二：把指令改為 show version

Landing Page

點擊 **Submit** 按鈕送出後，結果如下圖：

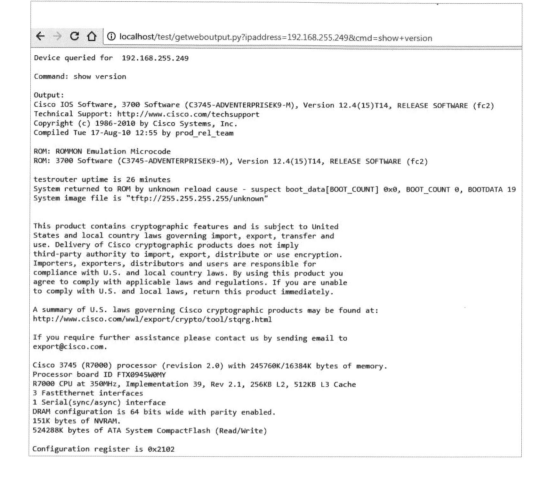

如同在圖中看到的，我們做了一個網頁介面的查詢工具，用來從裝置擷取出我們送出指令之後，裝置所回覆的資訊，這可以讓我們快速的檢查裝置目前的狀態。而藉由網頁的方式，我們也隱藏了真實連線時所使用的帳號密碼（在這裡是 cisco:cisco），不用讓使用者知道，避免洩露。而使用者也只需要將它所要執行的指令和裝置的 IP 填到網頁的表格中，不需要煩惱後端程式是如何運作，或是裝置的帳號密碼等等。

我們也可以做額外的檢查，像是只允許使用者執行 show 這類的指令等等，取決於設計這個網頁的目的。

從動態網頁執行腳本

透過前面幾個範例，我們已經知道如何利用 Python 腳本，並基於使用者的輸入，來建立動態的 HTML 網頁。接著，讓我們藉由呼叫其他程式，來繼續增強程式的功能。

舉個例子，假設我們要找出目前的網路中，有多少種不同的裝置型號。首先，會先建立一個腳本，讓它每個小時執行一次，接著在每次執行完之後，都建立一個動態的 HTML 網頁來顯示目前的狀態。在利用 BYOD 的情境中，這可以發揮一個很重要的功能，我們可以監控目前網路中的裝置狀態，並且藉由點擊已發現的裝置，來取得關於該裝置的更多資訊，像是列出裝置版本等等。

以下是用來建立這個動態網頁的 Python 程式碼：

```python
from pysnmp.hlapi import *

print('Content-Type: text/html')
print('')

def finddevices(ip):
    errorIndication, errorStatus, errorIndex, varBinds = next(
        getCmd(SnmpEngine(),
                CommunityData('public', mpModel=0),
                UdpTransportTarget((ip, 161)),
                ContextData(),
                ObjectType(ObjectIdentity('SNMPv2-MIB', 'sysDescr', 0)))
    )

    if errorIndication:
        print(errorIndication)
    elif errorStatus:
        print('%s at %s' % (errorStatus.prettyPrint(),
                            errorIndex and varBinds[int(errorIndex) - 1]
[0] or '?'))
    else:
        for varBind in varBinds:
            xval=(' = '.join([x.prettyPrint() for x in varBind]))
            xval=xval.replace("SNMPv2-MIB::sysDescr.0 = ","")
            xval=xval.split(",")
            return (xval[1])

ipaddress="192.168.255.248,192.168.255.249"
ipaddress=ipaddress.split(",")
tval="<table border='1'><tr><td>IP address</td><td>Model</td></tr>"
for ip in ipaddress:
```

```
version=finddevices(ip)
version=version.strip()
ahref="http://localhost/test/showversion.py?ipaddress="+ip
tval=tval+"<tr><td><a href='"+ahref+"' target='_blank'>"+ip+"</a></td>"
tval=tval+"<td>"+version+"</td></tr>"

tval=tval+"</table>"
print (tval)
```

程式的輸出如下圖：

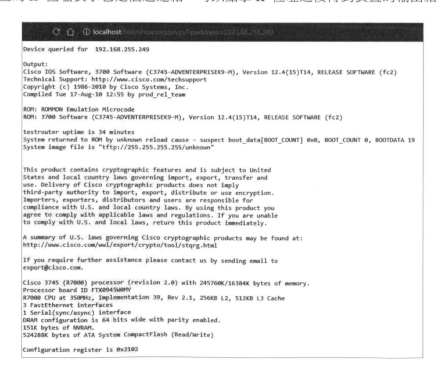

程式所輸出的動態網頁可以在上圖中看到，這個程式接收到 IP 位址之後，利用 SNMP
對裝置進行查詢，之後基於提供的 IP 位址來建立表格，表格中的 IP addresses 欄位，
底下藍色的 IP 位址表示它是個超連結，可以點擊 IP 位址之後得到裝置的輸出結果：

以下的 Python 程式碼是用來輸出裝置的 show version 資訊：

```python
import cgi
from netmiko import ConnectHandler
import time

form = cgi.FieldStorage()
ipvalue=form.getvalue('ipaddress')

def getoutput(cmd):
    global ipvalue
    uname="cisco"
    passwd="cisco"
    device = ConnectHandler(device_type='cisco_ios', ip=ipvalue,
username=uname, password=passwd)
    output=device.send_command(cmd)
    return (output)

print('Content-Type: text/plain')
print('')
print ("Device queried for ",ipvalue)
print ("\nOutput:")
print (getoutput("show version"))
```

如同我們在 URL 中看到的，當使用者點擊動態 HTML 網頁之後，會呼叫我們先前列出來的另一個腳本，該腳本會從 URL 取得輸入的參數，使用 Netmiko 函式庫從裝置取得版本資訊。

用類似的方式可以取得其他資訊，像是 CPU、記憶體、路由狀態以及其他資訊等等。

利用 C# 建立後端 API

接著讓我們更進一步。作為一個開發者，我們不只會利用別人的 API，可能還需要建立 API 供其他人使用。當我們發現某些函式經常被使用時，記住網頁框架的好處，把函式轉換成為 API，讓這個函式也可以被其他程式使用。這樣做的最大好處是，你寫好的程式不再被限制只能讓 Python 使用，而是可以被所有腳本語言或是網頁語言所使用。

讓我們看一個用 C# 做成 API 的基本例子，讓這個 API 輸出 Hello World。這個例子會使用到之前準備好的 IIS 環境，來執行這個網頁服務，還會需要使用 Visual Studio（非商業版本可免費使用）來建立我們自己的 API。建立完之後，會展示如何將這個 API 使用在 Python 程式當中。

另外還有一點要注意，我們必須利用 JSON 格式來回傳值，取代之前的 XML 來作為 API 溝通標準。

1. 在 Visual Studio 建立 C# **網頁計畫**：

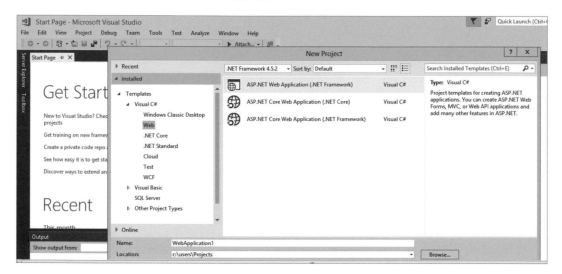

2. 在接下來的畫面，勾選**網頁 API**：

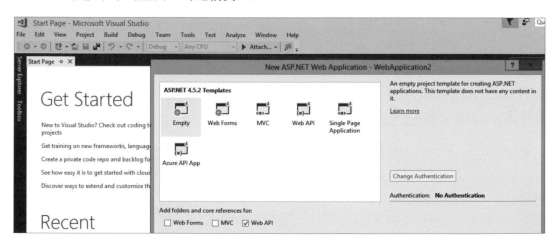

3. 加入**控制器**（這是確保 API 框架可以執行的重要關鍵）：

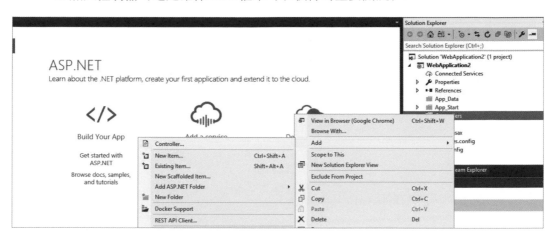

4. 給控制器一個有意義的名字，需要注意的是，這個名字後面必須接著
Controller 這個字，像是這邊就是以 apitestController 作為例子，否則控
制器將會無法運作，導致 API 框架無法執行：

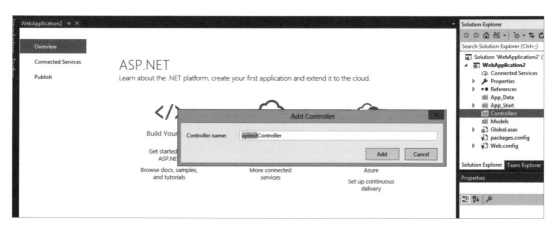

5. 控制器加入之後，在 WebApiConfig.cs 檔案下加入 JsonMediaTypeFormatter() 這個設定，像是下面的截圖一樣，這使得所有 API 的輸出將會以 JSON 格式來輸出：

6. 在 apitestController.cs 這個程式中，當 Get 函式被呼叫時，回傳 Hello World 這個值：

7. 上面步驟完成之後，在 Visual Studio 中點擊 Run 按鈕，程式會顯示出如下圖
的視窗，確保本地的 IIS 伺服器被呼叫，並且撰寫的程式被初始化用來測試：

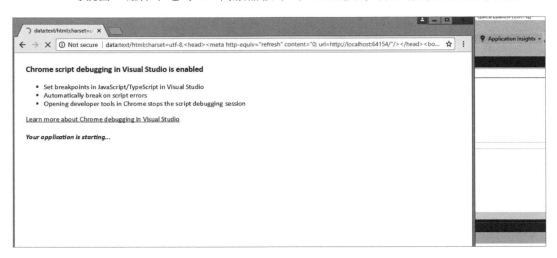

8. 程式被載入之後，如下的 URL 被執行，確保 API 運作正常。要注意的是，目
前的程式只運行在本地端，這個 API 還沒有辦法被公開呼叫：

9. 驗證完之後，需要將這個程式在 IIS 上公開，如同我們之前所做的，在 IIS 建立一個新的應用（本例用 apitest 作為名稱）：

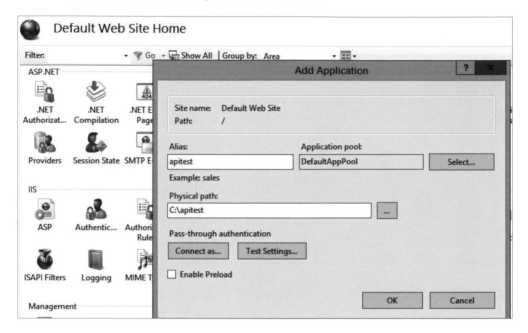

10. 一旦設定好 IIS 之後，利用 Visual Studio 來公開我們的 API，將它指向到我們的 web 資料夾中：

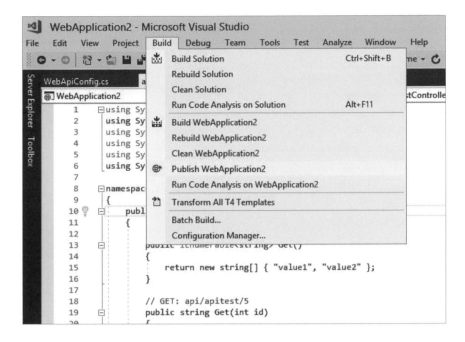

11. 建立 web **發布**檔，並且將它推送到本地資料夾，如同我們設定在 IIS 裡面的一樣：

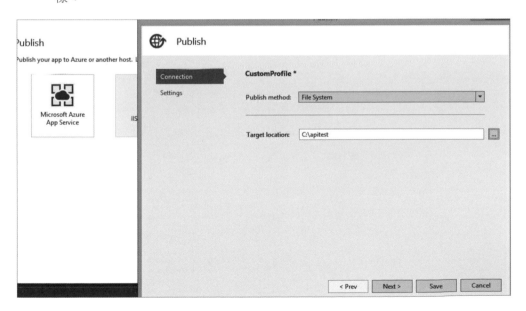

12. 現在，我們的 API 可以被使用了，用瀏覽器瀏覽 http://localhost 做驗證：

在 Python 中使用 API

讓我們看看如何在 Python 中呼叫這個 API。

範例程式如下：

```
import requests
r = requests.get('http://localhost/apitest/api/apitest/5')
print (r.json())
```

程式的執行結果如下：

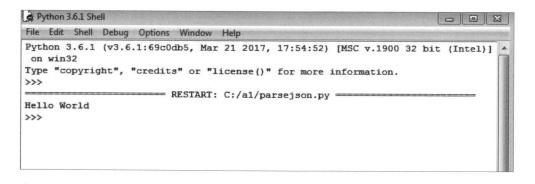

為了跟 API 互動，需要用到 requests 這個 Python 函式庫。當我們需要呼叫 API，它會回傳 JSON 格式的字串。函式 r.json() 會將回傳的 JSON 轉成文字格式，並顯示輸出為 Hello World。

一樣的道理，我們可以用 requests 函式庫來取得網頁型態的 API 回傳值，回傳值通常是 XML 或 JSON 格式，大多使用 JSON 作為回傳格式。

讓我們看另一個例子，從 GitHub 取得更多 JSON 資料：

```
import requests
r = requests.get('https://github.com/timeline.json')
jsonvalue=r.json()
print (jsonvalue)
print ("\nNow printing value of message"+"\n")
print (jsonvalue['message']+"\n")
```

程式的輸出如下：

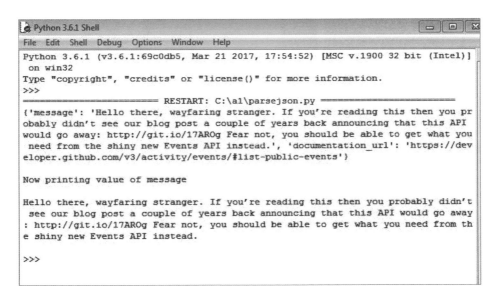

如同我們看到的，這個 API 的回傳是以 JSON 的字典格式回傳的，所以可以用字典的鍵值來取得後面的訊息。在上面的圖中，第一個輸出是原始的 JSON 回傳值，第二個輸出是我們從 message 這個鍵值中取出的字串。

在呼叫 API 時，也常會需要驗證後才能取得資料。換句話說，你會需要對 API 確認身份之後，它才會給你所要求的資料。現在讓我們啟動 IIS 中基本的使用者驗證功能：

1. 在 IIS 中，點選你的網站（範例中是 apitest），在**驗證**頁面中，選擇**基本驗證**：

這確保了所有呼叫你網站的 API，都會需要通過基本驗證（使用者名稱以及密碼），才得以存取內容。接著，在應用程式中，建立一個使用者叫做 testuser，並設定它的密碼為 testpassword。

2. 由於我們開啟了驗證，現在來測試看看，若沒有給使用者名稱及密碼，會發生什麼狀況：

```
import requests

r = requests.get('http://localhost/apitest/api/apitest/5')
print (r)
```

程式的執行結果如下：

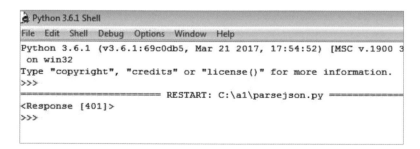

回應碼為 **[401]**，代表我們執行了**未經授權**的 HTTP 呼叫。換句話說，由於這個 API 呼叫沒有經過授權，所以並不產生任何回傳值。

3. 下一步，我們呼叫一樣的 API，不過這次帶上使用者名稱及密碼：

```python
import requests
from requests.auth import HTTPBasicAuth
r = requests.get('http://localhost/apitest/api/apitest/5',
auth=('testuser', 'testpassword'))
print (r)
print (r.json())
```

程式的執行結果如下：

```
Python 3.6.1 Shell
File  Edit  Shell  Debug  Options  Window  Help
Python 3.6.1 (v3.6.1:69c0db5, Mar 21 2017, 17:54:52) [MSC v.1900
 on win32
Type "copyright", "credits" or "license()" for more information.
>>>
==================== RESTART: C:\a1\parsejson.py ===========
<Response [200]>
Hello World
>>>
```

在這個情況下，我們呼叫了驗證函式 `HTTPBasicAuth`，並且傳遞給它使用者名稱及密碼，得到了回應碼 **[200]**，代表這個 HTTP 呼叫被接受並執行，而我們在最後一行印出了回傳值，在這裡回傳值是 `Hello World`。

整合範例

經過了上面的諸多範例，我們現在已經對於網頁框架有了一定的認識。讓我們來整合前面所有的範例程式，做出一個全新的程式：

1. 撰寫一個 HTML 頁面，詢問使用者的帳號及密碼，這個值將會被傳入到 Python 腳本當中，用來呼叫需要認證的 API。如果回傳值是認證成功，那就顯示我們希望看到更多資訊的裝置 IP 位址列表。

2. 接下來，如果使用者點擊其中一個裝置 IP 位址，就顯示指令 `show ip int brief` 的輸出到網頁上。如果驗證失敗的話，腳本會回傳 **Not Authorized** 字串，也不會顯示出裝置 IP 位址。範例使用的帳號密碼如下：

- **Username:** Abhishek
- **Password:** password

HTML 程式碼如下：

```
<html>
<form action="validatecreds.py" method="post">
 Enter your name: <br>
  <input type="text" name="name">
  <br>
  Enter your password:<br>
  <input type="password" name="password">
  <br><br>
  <input type="submit" value="Submit">
</form>
</html>
```

這個範例中使用了 POST 方法，如果使用預設的 GET 方法，密碼會以明文的方式顯示在網址列上。使用 POST 方法的話，則會利用其他通訊模式跟後端做溝通，就不會把要傳遞給腳本的密碼顯示出來。

Python 的程式碼如下：

```
import cgi, cgitb
import requests
from requests.auth import HTTPBasicAuth

form = cgi.FieldStorage()
uname=form.getvalue('name')
password=form.getvalue('password')

r = requests.get('http://localhost/apitest/api/apitest/5',
auth=(uname, password))

print('Content-Type: text/HTML')
print('')
print ("<h2>Hello "+uname+"</h2>")

htmlform="<form action='showoutput.py' method='post'>"
htmlform=htmlform+"<br><input type='radio' name='ipaddress'
```

```
value='192.168.255.248' /> 192.168.255.248"
htmlform=htmlform+"<br><input type='radio' name='ipaddress'
value='192.168.255.249' /> 192.168.255.249"
htmlform=htmlform+"<br><input type='submit' value='Select
IPaddress' /></form>"

if (r.status_code != 200):
    print ("<h3><font color='red'>Not Authorized.</font> Try
again!!!!</h3>")
else:
    print ("<h3><font color='lime'>Authorized.</font> Please
select from list below:</h3>")
    print (htmlform)
```

3. 測試一下，輸入錯誤的使用者名稱及密碼：

點擊 **Submit** 按鈕之後，將會顯示如下圖的畫面：

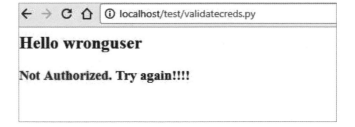

4. 接著輸入正確的使用者名稱及密碼：

點擊 **Submit** 按鈕之後：

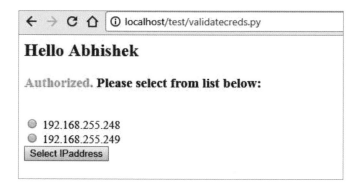

5. 現在我們會看到裝置的 IP 位址，可以選擇我們想要看到哪個裝置的輸出。選到你想要看的裝置之後，按下 **Select IPaddress** 按鈕：

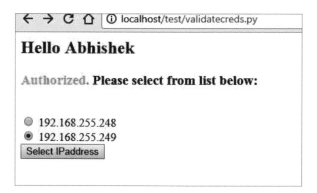

當我們點擊 **Select IPaddress** 按鈕之後，我們會得到如下圖的結果：

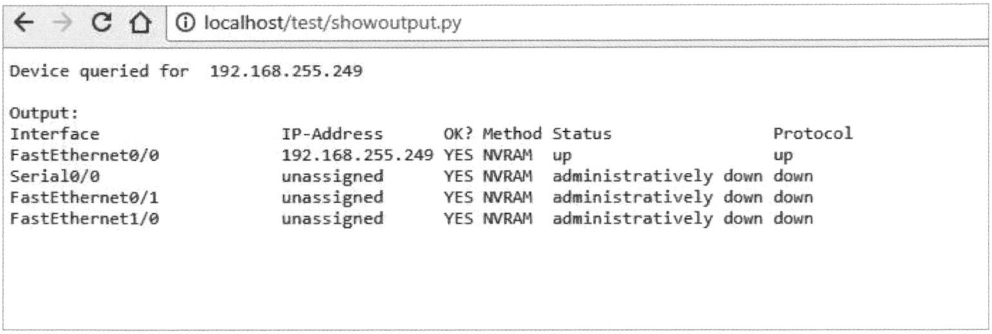

```
←  →  C  ⌂  ⓘ localhost/test/showoutput.py

Device queried for  192.168.255.249

Output:
Interface               IP-Address       OK? Method Status               Protocol
FastEthernet0/0         192.168.255.249  YES NVRAM  up                   up
Serial0/0               unassigned       YES NVRAM  administratively down down
FastEthernet0/1         unassigned       YES NVRAM  administratively down down
FastEthernet1/0         unassigned       YES NVRAM  administratively down down
```

如果我們仔細觀察網址列，可以發現到，由於我們使用了 POST 方法，只會看到程式執行的位址被顯示在網址列，而不像之前使用 GET 方法時，連帶給程式的參數都顯示出來。這確保了使用者必須要從我們所設定的頁面（本例是 main.html）來登入，而無法直接將參數提供在網址列做登入的動作。

藉由這些處理，也可以確保使用者遵從我們所設定的步驟，一步一步的往下走，而不會直接跳到後面的步驟。

使用者可以利用類似上面的方法，建立屬於自己的 API 來取得資訊，像是列出裝置名稱以及 IP 位址，並且利用這些資訊到腳本中來創造前端、後端、或是網頁型態，讓其他使用者可以不用安裝任何東西就可以使用你的程式。

結語

現在我們知道了網頁框架以及跟 API 使用的相關範例，包含了創造 API、存取 API 或是存取需要認證的 API。透過這些知識，我們現在已經可以開發基於網頁的工具程式。本章同時也介紹了 IIS 的各項功能，幫助開發者建立屬於自己的網頁設定，像是身份驗證、授權、以及建立網站。

另外，藉由幾個完整的範例，讀者可以快速的建立基於網頁的 Python 腳本，藉此避免讓使用者需要自己安裝 Python 及相關的函式庫，這也幫助了之後的修正錯誤的動作更簡單，只需要處理一台機器就可以了。也代表了一旦在主機上修復了，所有的使用者使用的指令都一併修正，而不需要再去下載最新的版本到本地端的機器，才能修正錯誤。

下一章，會介紹如何使用目前最流行的自動化平台 Ansible。

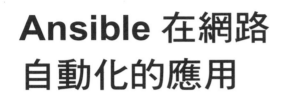

Ansible 在網路
自動化的應用

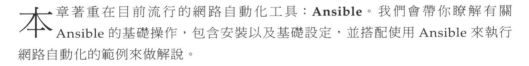

本章著重在目前流行的網路自動化工具：**Ansible**。 我們會帶你瞭解有關 Ansible 的基礎操作，包含安裝以及基礎設定，並搭配使用 Ansible 來執行網路自動化的範例來做解說。

這裡會解釋 Ansible 中用到的一些術語及內容，像是利用 Ansible 來為多種裝置建立範本設定檔，或是如何利用 Ansible 在管理的裝置上取得資訊等等。

本章涵蓋以下內容：

- Ansible 的概觀以及如何安裝 Ansible
- 理解 Ansible 的撰寫邏輯
- Playbooks
- 使用 Ansible 的各種情境

Ansible 概觀及相關術語

Ansible 是自動化工具，也可稱為自動化平台，它是開放原始碼，任何人都可以下載它來使用，常用在設定各種裝置，像是路由器、交換器、或是各種不同的伺服器等等。Ansible 的主要設計理念是用來完成以下三種工作：

- **組態管理：**利用 Ansible 稱為清單（inventory）的部分，取得或推送各種裝置的設定檔。基於各種不同的清單（inventory），Ansible 可以推送部分設定檔，或是完整的設定檔。

- **應用管理：**在有關伺服器部分，我們常需要部署部分程式或是修補程式。Ansible 可以為你做到這點，推送修補程式或是部分程式到伺服器上，安裝它們，甚至是依照特定的步驟來設定你的程式。Ansible 依靠所謂的清單（inventory）來為各種裝置客製化屬於它們的設定。

- **程序自動化：**這是 Ansible 用來為單一裝置或是一群相同的裝置，執行它們需要的特定步驟所會使用到的。這些步驟可以用 Ansible 看得懂的方式寫下來，接著 Ansible 會幫你執行一次，或是固定一段時間來執行。

Ansible 另一個強大之處是在 IT 或是基礎架構編排的部分。這裡用個例子來詳細解釋，假設我們需要升級路由器或是網路裝置，Ansible 可以在某台路由器執行一系列的步驟，推送程式、升級程式等等，接著根據這次步驟所獲得的結果，決定是否升級下一台路由器。

使用 Ansible 的基本要求

Ansible 被設計得相當容易安裝以及設定，它被設計成是控制器以及底下管理節點的模型，在這種模型下，Ansible 被安裝在控制器中，通常控制器會是 Linux 伺服器，接著存取我們想要管理的所有清單或是節點。如同我們先前看到的，Ansible 支援 Linux（目前也開始支援 Windows，不過還在 Beta 版本階段），而且依靠 SSH 協定來跟各個節點做溝通，所以除了控制器的設定之外，節點跟控制器之間必須以 SSH 來通訊。

另外在被管理的節點上，需要安裝 Python，這是因為很多 Ansible 模組都是用 Python 撰寫的，而 Ansible 會直接把要執行的模組從控制器複製到要執行該模組的節點中，直接在節點裡面執行。如果你的被管理節點是 Linux，通常就不用額外注意這點，不過像是 Cisco IOS 這種網路裝置，可能就沒辦法滿足這個條件。

為了繞過這種限制，有種被稱為**原生模組**（**raw module**）的模組，可以用來執行原生指令（raw commands），像是在 Cisco 裝置中執行 show version 指令並取得輸出。你可能覺得幫助不大，但 Ansible 還有另一個方式，直接在控制器中執行模組，而不是在節點中執行。這使得模組所需要使用的資源可以直接在控制器中被找到，像是 Python 或是呼叫 SSH 和 HTTP API 等等的，可以直接設定在控制器中。如果是像 Cisco IOS 這種沒有開放 API 介面的裝置，還是可以透過 SNMP 來執行我們所需要的工作。

先前有提到，SNMP 可以有兩種模式：讀取模式以及寫入模式，所以利用 Ansible 來執行本地的模組，就可以藉由 SNMP 協定的幫助來設定 IOS 裝置。

如何安裝 Ansible

Ansible 控制器是用來管理節點的重要元件，支援了各大版本的 Linux 伺服器，不過目前還是沒辦法安裝在 Windows 上。

對被管理節點來說，所需要的就只是 Python 2.6 之後的版本以及可以跟控制器用 SSH 協定來溝通就好。如果有檔案傳遞的需求，預設會使用 **SSH 檔案傳輸協定**（**SFTP**），不過需要的話，你可以把預設使用的檔案傳輸方式，修改為使用 scp。一開始有提到，如果在裝置上沒辦法安裝 Python 的話，我們就會轉而在控制器上執行原生模組，來避開這個限制。

回到控制器的安裝部分，控制器上必須安裝 Python 2（2.6 或之後的版本），在我們的範例中，使用了 Ubuntu 作為控制器作業系統，之後的範例也都會以這個配置來做展示。在 Ubuntu 上安裝 Ansible 的話，可以透過**進階包裝工具**（**APT, Advanced Packaging Tool**）來做，以下的指令會設定好**個人套件集 (PPA, Personal Package Archives)**，設定完後才能安裝 Ansible。

以下是安裝 Ansible 會用到的基本指令，需要用同樣的順序來執行：

```
$ sudo apt-get update
$ sudo apt-get install software-properties-common
$ sudo apt-add-repository ppa:ansible/ansible
$ sudo apt-get update
$ sudo apt-get install ansible
```

我們已經安裝過 Ansible，下面是執行 `sudo apt-get install ansible` 的結果。如果有更新版本的 Ansible 出現，Ansible 會在執行完畢後更新到最新的版本，否則會直接退出，並且顯示你已經安裝到最新版本。

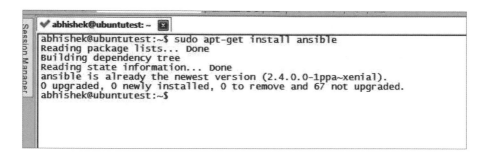

另一個安裝 Ansible 的方法，是利用 Python 的 `pip` 指令，指令如下：

```
pip install --user ansible
```

利用這種方式安裝完之後，可以在目錄中看到如下的結果：

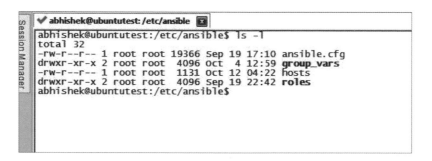

檔案 `hosts` 就是 Ansible 用來管理我們節點所使用的清單檔案（inventory file），檔案 `ansible.cfg` 是用來調整 Ansible 的各項參數值所使用。安裝完成之後，需要加入節點到 `hosts` 檔案中。以這個範例來說，我們加入本機位址（`127.0.0.1`）作為節點，而這個節點會使用 `abhishek` 作為 SSH 的使用者名稱以及密碼。

下圖是我們的 hosts 檔案範例：

```
abhishek@ubuntutest:/etc/ansible$ more /etc/ansible/hosts
# This is the default ansible 'hosts' file.
#
# It should live in /etc/ansible/hosts
#
#    - Comments begin with the '#' character
#    - Blank lines are ignored
#    - Groups of hosts are delimited by [header] elements
#    - You can enter hostnames or ip addresses
#    - A hostname/ip can be a member of multiple groups

# Ex 1: Ungrouped hosts, specify before any group headers.

## green.example.com
## blue.example.com
## 192.168.100.1
## 192.168.100.10
##localhost

127.0.0.1 ansible_connection=ssh ansible_user=abhishek ansible_ssh_pass=abhishek

# Ex 2: A collection of hosts belonging to the 'webservers' group

## [webservers]
## alpha.example.org
## beta.example.org
## 192.168.1.100
## 192.168.1.110

# If you have multiple hosts following a pattern you can specify
# them like this:

## www[001:006].example.com

# Ex 3: A collection of database servers in the 'dbservers' group

## [dbservers]
##
## db01.intranet.mydomain.net
## db02.intranet.mydomain.net
## 10.25.1.56
## 10.25.1.57

# Here's another example of host ranges, this time there are no
# leading 0s:

## db-[99:101]-node.example.com

abhishek@ubuntutest:/etc/ansible$
```

 檔案中看到的 127.0.0.1 ansible_connection=ssh ansible_user=abhishek ansible_ssh_pass=abhishek 這行，是用來設定我們如何連接這個節點的參數。

你可以使用任何一個文字編輯器（範例中使用的是 vi 或 nano 編輯器），來加入或修改檔案內容。要修改 hosts 檔案的內容，可以輸入以下指令：

```
$ sudo nano /etc/ansible/hosts
```

下一步是驗證我們加入的節點，能不能被存取到。可以使用 ansible all -m ping 這個指令來測試所有設定在 hosts 檔案裡面的節點，看看各節點會不會回應要求。如下圖：

```
abhishek@ubuntutest: /etc/ansible
abhishek@ubuntutest:/etc/ansible$ ansible all -m ping
127.0.0.1 | SUCCESS => {
    "changed": false,
    "failed": false,
    "ping": "pong"
}
abhishek@ubuntutest:/etc/ansible$
abhishek@ubuntutest:/etc/ansible$
abhishek@ubuntutest:/etc/ansible$ ansible all -m ping --ask-pass
SSH password:
127.0.0.1 | SUCCESS => {
    "changed": false,
    "failed": false,
    "ping": "pong"
}
abhishek@ubuntutest:/etc/ansible$
```

如同圖中所看到的，指令 ansible all -m ping 會嘗試測試所有設定好的節點，看看節點會不會回應我們的要求。如果用另一個類似的指令 ansible all -m ping --ask-pass，則會在執行時詢問 SSH 連接的密碼。在範例中，我們輸入了密碼，也得到了回應。現在你或許會問：如果我只是執行簡單的 ping 測試，那為什麼還需要用到 SSH？

現在加入一個 DNS 伺服器到這個 hosts 檔案中，接著用如圖所示的方式來測試，跟之前一樣，我們使用 nano 編輯器 sudo nano /etc/ansible/hosts 來修改檔案：

```
✔ abhishek@ubuntutest: /etc/ansible  ✕
  GNU nano 2.5.3                                                          File: /etc/ansible/hosts
# This is the default ansible 'hosts' file.
#
# It should live in /etc/ansible/hosts
#
#    - Comments begin with the '#' character
#    - Blank lines are ignored
#    - Groups of hosts are delimited by [header] elements
#    - You can enter hostnames or ip addresses
#    - A hostname/ip can be a member of multiple groups
#
# Ex 1: Ungrouped hosts, specify before any group headers.

## green.example.com
## blue.example.com
## 192.168.100.1
## 192.168.100.10
##localhost

127.0.0.1 ansible_connection=ssh ansible_user=abhishek ansible_ssh_pass=abhishek
4.2.2.2

# Ex 2: A collection of hosts belonging to the 'webservers' group

## [webservers]
## alpha.example.org
## beta.example.org
## 192.168.1.100
## 192.168.1.110

# If you have multiple hosts following a pattern you can specify
# them like this:

## www[001:006].example.com

# Ex 3: A collection of database servers in the 'dbservers' group

## [dbservers]
##
## db01.intranet.mydomain.net
## db02.intranet.mydomain.net
## 10.25.1.56
## 10.25.1.57

# Here's another example of host ranges, this time there are no
# leading 0s:

## db-[99:101]-node.example.com
```

編輯完之後，試著執行同樣的指令來測試：

```
abhishek@ubuntutest:/etc/ansible$ sudo nano /etc/ansible/hosts
abhishek@ubuntutest:/etc/ansible$ ansible all -m ping
127.0.0.1 | SUCCESS => {
    "changed": false,
    "failed": false,
    "ping": "pong"
}
4.2.2.2 | UNREACHABLE! => {
    "changed": false,
    "msg": "Failed to connect to the host via ssh: ssh: connect to host 4.2.2.2 port 22: Connection timed out\r\n",
    "unreachable": true
}
abhishek@ubuntutest:/etc/ansible$ ping 4.2.2.2
PING 4.2.2.2 (4.2.2.2) 56(84) bytes of data.
64 bytes from 4.2.2.2: icmp_seq=1 ttl=48 time=10.6 ms
64 bytes from 4.2.2.2: icmp_seq=2 ttl=48 time=10.6 ms
64 bytes from 4.2.2.2: icmp_seq=3 ttl=48 time=10.6 ms
64 bytes from 4.2.2.2: icmp_seq=4 ttl=48 time=10.6 ms
64 bytes from 4.2.2.2: icmp_seq=5 ttl=48 time=10.6 ms
^C
--- 4.2.2.2 ping statistics ---
5 packets transmitted, 5 received, 0% packet loss, time 4007ms
rtt min/avg/max/mdev = 10.603/10.630/10.656/0.094 ms
abhishek@ubuntutest:/etc/ansible$
```

我們在圖中看到什麼？儘管我們可以從主機上 ping 4.2.2.2 得到結果，Ansible 依然回傳無法連接，這是因為 Ansible 會先嘗試 SSH 登入裝置，之後才是利用 ping 來測試。在範例中，4.2.2.2 這台主機並沒有開啟 SSH 服務，所以在執行 Ansible 時得到了連接失敗的訊息。另外，我們可以將各節點集合在一個群組內，給它們各群獨特的名字，像是 routers、switches、servers 或是任何你希望在 hosts 檔案中看到的名字。

接下來看看這個範例：

我們將目前設定好的節點（localhost 以及 4.2.2.2），給一個群組名稱叫做 myrouters，我們編輯 /etc/ansible/hosts 來做這件事：

```
abhishek@ubuntutest: ~

# This is the default ansible 'hosts' file.
#
# It should live in /etc/ansible/hosts
#
#   - Comments begin with the '#' character
#   - Blank lines are ignored
#   - Groups of hosts are delimited by [header] elements
#   - You can enter hostnames or ip addresses
#   - A hostname/ip can be a member of multiple groups

# Ex 1: Ungrouped hosts, specify before any group headers.

## green.example.com
## blue.example.com
## 192.168.100.1
## 192.168.100.10
##localhost

[myrouters]
127.0.0.1 ansible_connection=ssh ansible_user=abhishek ansible_ssh_pass=abhishek
4.2.2.2

# Ex 2: A collection of hosts belonging to the 'webservers' group

## [webservers]
## alpha.example.org
## beta.example.org
## 192.168.1.100
## 192.168.1.110

# If you have multiple hosts following a pattern you can specify
# them like this:
--More--(71%)
```

注意檔案中加入的 myrouters 群組部分，存檔之後，讓我們看一下如何利用群組名稱來測試回應：

```
 abhishek@ubuntutest: ~
abhishek@ubuntutest:~$ ansible myrouters -m ping
127.0.0.1 | SUCCESS => {
    "changed": false,
    "failed": false,
    "ping": "pong"
}
4.2.2.2 | UNREACHABLE! => {
    "changed": false,
    "msg": "Failed to connect to the host via ssh: ssh: connect to host 4.2.2.2 port 22: Connection timed out\r\n",
    "unreachable": true
}
abhishek@ubuntutest:~$
```

從圖中可以看到，之前使用的是 all，這次我們改用 myrouters 這個群組名稱，代表了對本機 IP 以及 4.2.2.2 做測試。

而結果當然會跟之前一樣，可是現在可以開始有一些彈性，可以針對各個節點，或是各個群組來執行不同的工作。

臨時（ad-hoc）指令

臨時指令在 Ansible 中用來執行臨時需要，或是只需要執行一次的任務或操作。換句話說，這些工作通常是使用者想要馬上執行，而且不需要儲存起來給之後使用的。舉個臨時指令的簡單例子，像是臨時需要知道某群管理節點的裝置版本。類似這種需要快速得到資訊，卻不用一直重複執行的，我們就會使用臨時指令來執行這類需求。

接著，繼續介紹更多有關 Ansible 指令的參數，這些參數可以根據需要來引入，在命令列輸入 ansible、不帶任何參數執行後，會列出所有的參數跟選項：

```
abhishek@ubuntutest: ~
abhishek@ubuntutest:~$ ansible
Usage: ansible <host-pattern> [options]

Define and run a single task 'playbook' against a set of hosts

Options:
  -a MODULE_ARGS, --args=MODULE_ARGS
                        module arguments
  --ask-vault-pass      ask for vault password
  -B SECONDS, --background=SECONDS
                        run asynchronously, failing after X seconds
                        (default=N/A)
  -C, --check           don't make any changes; instead, try to predict some
                        of the changes that may occur
  -D, --diff            when changing (small) files and templates, show the
                        differences in those files; works great with --check
  -e EXTRA_VARS, --extra-vars=EXTRA_VARS
                        set additional variables as key=value or YAML/JSON, if
                        filename prepend with @
  -f FORKS, --forks=FORKS
                        specify number of parallel processes to use
                        (default=5)
  -h, --help            show this help message and exit
  -i INVENTORY, --inventory=INVENTORY, --inventory-file=INVENTORY
                        specify inventory host path
                        (default=[[u'/etc/ansible/hosts']]) or comma separated
                        host list. --inventory-file is deprecated
  -l SUBSET, --limit=SUBSET
                        further limit selected hosts to an additional pattern
  --list-hosts          outputs a list of matching hosts; does not execute
                        anything else
  -m MODULE_NAME, --module-name=MODULE_NAME
                        module name to execute (default=command)
  -M MODULE_PATH, --module-path=MODULE_PATH
                        prepend colon-separated path(s) to module library
                        (default=[u'/home/abhishek/.ansible/plugins/modules',
                        u'/usr/share/ansible/plugins/modules'])
  --new-vault-id=NEW_VAULT_ID
                        the new vault identity to use for rekey
  --new-vault-password-file=NEW_VAULT_PASSWORD_FILES
                        new vault password file for rekey
  -o, --one-line        condense output
  -P POLL_INTERVAL, --poll=POLL_INTERVAL
                        set the poll interval if using -B (default=15)
  --syntax-check        perform a syntax check on the playbook, but do not
                        execute it
  -t TREE, --tree=TREE  log output to this directory
```

以下介紹一些臨時指令的範例：

1. 假設需要 ping 一群裝置，而且需要同時執行（預設是循序處理，不過為了加快速度，我們在這裡需要平行處理）：

   ansible myrouters -m ping -f 5

2. 如果要用另一個使用者來執行指令的話：

   ansible myrouters -m ping -f 5 -u <username>

3. 如果想要在這個連線中使用 `sudo` 或是 `root` 身份來執行指令時：

   `ansible myrouters -m ping -f 5 -u username --become -k` （`-k` 代表詢問密碼）

   如果要用另一個使用者，利用 `--become-user` 參數

4. 如果要執行特定的指令，使 `-a` 參數（假設我們想要平行的從路由器取得 show version 的結果）

   `ansible myrouters -a "show version" -f 5`

   預設平行執行的數量是 5，但是也可以從命令列指令，或是直接修改 Ansible 的設定檔來修改。

5. 下面這個例子是將一個檔案從來源複製到目的地，假設我們將一個檔案從來源複製到多台伺服器，假設是在 servers 群組底下：

   `ansible servers -m copy -a "src=/home/user1/myfile.txt`
   `dest=/tmp/myfile.txt"`

6. 想要在網頁伺服器啟動 httpd 程序：

   `ansible mywebservers -m service -a "name=httpd state=started"`

   如果想要停止的話：

   `ansible mywebservers -m service -a "name=httpd state=stopped"`

7. 這裡是另一個重要的範例，假設想要執行一個會長時間執行的指令，像是 show tech-support，可是不希望把這個指令放在前景等它跑完的話，我們可以指定逾期時間（在這邊我們是設定 600 秒）：

   `ansible servers -B 600 -m -a "show tech-support"`

   執行完之後會回傳一個 jobid，可以用來得知目前的執行狀況。拿到 jobid 之後，我們可以用下面的指令來看這個 jobid 目前的執行狀況：

   `ansible servers -m async_status -a "jobid"`

8. 下面這個指令是用來取得 Ansible 可以取得的特定節點的所有資訊：

   `ansible localhost -m setup |more`

這個指令在本機執行的輸出如下圖：

```
abhishek@ubuntutest: ~

abhishek@ubuntutest:~$ ansible localhost -m setup |more
127.0.0.1 | SUCCESS => {
    "ansible_facts": {
        "ansible_all_ipv4_addresses": [
            "172.31.33.197"
        ],
        "ansible_all_ipv6_addresses": [
            "fe80::8a8:51ff:fe0b:6f06"
        ],
        "ansible_apparmor": {
            "status": "enabled"
        },
        "ansible_architecture": "x86_64",
        "ansible_bios_date": "02/16/2017",
        "ansible_bios_version": "4.2.amazon",
        "ansible_cmdline": {
            "BOOT_IMAGE": "/boot/vmlinuz-4.4.0-1035-aws",
            "console": "ttyS0",
            "ro": true,
            "root": "UUID=3e13556e-d28d-407b-bcc6-97160eafebe1"
        },
        "ansible_date_time": {
            "date": "2017-10-10",
            "day": "10",
            "epoch": "1507611083",
            "hour": "04",
            "iso8601": "2017-10-10T04:51:23Z",
            "iso8601_basic": "20171010T045123181202",
            "iso8601_basic_short": "20171010T045123",
            "iso8601_micro": "2017-10-10T04:51:23.181276Z",
            "minute": "51",
            "month": "10",
            "second": "23",
            "time": "04:51:23",
            "tz": "UTC",
            "tz_offset": "+0000",
            "weekday": "Tuesday",
            "weekday_number": "2",
            "weeknumber": "41",
            "year": "2017"
        },
        "ansible_default_ipv4": {
            "address": "172.31.33.197",
            "alias": "eth0",
            "broadcast": "172.31.47.255",
            "gateway": "172.31.32.1",
            "interface": "eth0",
            "macaddress": "0a:a8:51:0b:6f:06",
            "mtu": 9001,
            "netmask": "255.255.240.0",
            "network": "172.31.32.0",
            "type": "ether"
        },
        "ansible_default_ipv6": {},
        "ansible_device_links": {
            "ids": {},
            "labels": {
                "xvda1": [
                    "cloudimg-rootfs"
                ]
            },
```

9. 另一個常用的臨時指令是 shell 指令，這個臨時指令常用來控制整個 OS，或是用來執行 root 才能跑的指令使用，這裡利用這個臨時指令，來重開 servers 群組的機器：

```
ansible servers -m shell -a "reboot"
```

如果想要換成關機的話：

```
ansible servers -m shell -a "shutdown"
```

用這種方式，我們可以利用臨時指令快速完成許多基本作業，不論是在單台機器或是一群被管理的節點，來快速的得到結果。

Ansible playbooks

簡單來說，playbooks 就是我們利用 Ansible 做的一組指令集合，用於設定、部署、管理節點。這些動作是作為指南，利用 Ansible 來對特定節點或是群組執行這些指令。你可以把 Ansible 當作畫本，playbooks 當作顏料，而被管理節點就像是你畫出來的圖片。以這樣解釋的話，playbooks 用來決定哪些顏色需要加到你圖片的哪個部分，而 Ansible 框架就是用來將 playbook 所需要的一系列動作執行在被管理節點上。

playbooks 是使用 **YAML Ain't Markup Language（YAML）** 這種文字格式來撰寫的，裡面包含了要執行到被管理節點的指令和配置，而 playbooks 就是用來定義工作流程，基於各種條件（像是不同種類的裝置或是不同的 OS），執行特定的工作，並從執行結果驗證工作的執行狀況。它也可以結合多項工作（以及各項工作的配置），而且循序執行各項工作，或是平行的執行在一部份或是所有的被管理節點上。

有關 YAML 的更詳細資訊可以參考這個網站：

https://learn.getgrav.org/advanced/yaml

基本的 playbook 可以包含多個 **plays** 在列表中，每個 play 都是用來在一群被管理節點上（像是 myrouters 或 servers）執行特定的 Ansible 工作（或是一組要執行的指令）。

我們可以從 Ansible 的官方網站上取得一個範例 playbook：

```
- hosts: webservers
  vars:
    http_port: 80
    max_clients: 200
  remote_user: root
  tasks:
  - name: test connection
    ping:
```

在這個範例中，有幾個重點部分需要先了解：

1. `hosts`：這裡列出群組名或是管理節點名（如 `webservers`），或是利用空格分開各個不同的節點名。

2. `vars`：這裡是用來宣告變數的區域，就像是在其他程式語言裡面用到的一樣。在這個例子裡，我們設定了 `http_port: 80`，代表值 80 被指定到變數 `http_port` 裡面。

3. `tasks`：這裡用來宣告要在群組裡（或被管理節點）要執行的工作，這裡的工作會被執行在上面設定的 – `hosts` 機器中。

4. `name`：這是用來註記目前的工作名稱使用。

我們利用上面這個範例，建立屬於自己的 playbook 來 ping 我們管理的節點：

```
- hosts: myrouters
  vars:
    http_port: 80
    max_clients: 200
  remote_user: root
  tasks:
  - name: test connection
    ping:
```

我們可以利用下面指令來建立這個設定檔：

```
nano checkme.yml
```

在文字編輯器中，我們可以複製貼上上述這段設定並存檔。存檔完之後，可以利用 --check 這個參數來檢查。這個參數可以用來檢查這個 playbook 執行之後，會不會有任何更動，這個測試會在本地端模擬，而不會實際在遠端系統執行。

```
ansible-playbook checkme.yml --check
```

執行之後的結果如下圖：

```
abhishek@ubuntutest: ~

abhishek@ubuntutest:~$ ansible-playbook checkme.yml

PLAY [myrouters] *******************************************************

TASK [Gathering Facts] *************************************************
ok: [127.0.0.1]

TASK [test connection] *************************************************
ok: [127.0.0.1]

PLAY RECAP *************************************************************
127.0.0.1                  : ok=2    changed=0    unreachable=0    failed=0

abhishek@ubuntutest:~$
```

我們可以在圖中看到模擬執行 checkme.yml 這個 playbook 的結果，而執行完畢的結果會被顯示在 PLAY RECAP 區段中。

另一個例子，如果想要基於初始化結果，執行特定的工作。在 Ansible 中，可以利用 handlers 來做這件事。在 play 中，我們建立一個工作，如果這個工作有任何異動，就執行 notify 這裡的動作。換句話說，在所有 play 裡面的工作被執行完畢之後，會接著執行 handlers 裡面的條件（舉個例子，在所有設定的工作都執行完之後，重開伺服器）。

簡單來說，handlers 就是另一種工作類型，不過會參考到一個全域統一名稱，當這個名稱被執行到之後就被觸發。

```
- hosts: myrouters
tasks:
 - name: show uptime
   command: echo "this task will show uptime of all hosts"
   notify: "show device uptime"
handlers:
 - name: show variables
   shell: uptime
   listen: "show device uptime"
```

如同在上面的例子中所看到的，這個工作會執行到 myrouters 群組中，而這個工作會利用 notify 觸發 handlers 裡面的工作。在 handlers 裡面的 -name 代表這個 handlers 被呼叫時使用的名字：

Ansible 中的大小寫是有區別的，舉例來說，變數名稱 x 以及 X 會是不同的變數。

一旦 notify 觸發了另一個 handler，就會在遠端主機執行 uptime 指令，並且回傳指令執行之後的結果。在 handlers 底下的 listen 指令是個常用來呼叫我們所需要 handler 的方式。以這個範例來說，notify 用來呼叫我們所指定的，跟我們所設定的字串相同的另一個 handler，在這個例子中就是指 "show device uptime" 這個字串，也就是名稱為 show variables 的這個 handler，也可以說是用來取代利用名稱呼叫 handler 的另一種方式。

Ansible playbook（在這個例子中是 showenv.yml）可以使用 -v 參數來看到更詳細的資訊，透過這個參數，可以看到執行過程中所有發生的事情，而不只是最終結果而已。

- 沒有使用 -v 參數的情況如下圖：

```
✔ abhishek@ubuntutest: ~
abhishek@ubuntutest:~$ ansible-playbook showenv.yml

PLAY [myrouters] *********************************************************

TASK [Gathering Facts] **************************************************
ok: [127.0.0.1]
fatal: [4.2.2.2]: UNREACHABLE! => {"changed": false, "msg": "Failed to connect to the host via ssh: ssh: connect to host 4

TASK [show environment variables] ***************************************
changed: [127.0.0.1]

RUNNING HANDLER [show variables] ****************************************
changed: [127.0.0.1]
        to retry, use: --limit @/home/abhishek/showenv.retry

PLAY RECAP **************************************************************
127.0.0.1                  : ok=3    changed=2    unreachable=0    failed=0
4.2.2.2                    : ok=0    changed=0    unreachable=1    failed=0

abhishek@ubuntutest:~$
```

- 使用了 -v 參數的情況如下圖：

```
✔ abhishek@ubuntutest: ~
abhishek@ubuntutest:~$ ansible-playbook showenv.yml -v
Using /etc/ansible/ansible.cfg as config file

PLAY [myrouters] *********************************************************

TASK [Gathering Facts] **************************************************
ok: [127.0.0.1]
fatal: [4.2.2.2]: UNREACHABLE! => {"changed": false, "msg": "Failed to connect to the host via ssh: ssh: connect to host 4.2.2.2 port 22: Connection timed out\r\n",
3", "stderr": "", "stderr_lines": [], "stdout": "this task will show all enivornment variables", "stdout_lines": ["this task will show all enivornment variables"]}

TASK [show environment variables] ***************************************
changed: [127.0.0.1] => {"changed": true, "cmd": ["echo", "this task will show all enivornment variables"], "delta": "0:00:00.001743", "end": "2017-10-11 04:12:10.20

RUNNING HANDLER [show variables] ****************************************
changed: [127.0.0.1] => {"changed": true, "cmd": "uptime", "delta": "0:00:00.002799", "end": "2017-10-11 04:12:10.392302", "failed": false, "rc": 0, "start": "2017-1
04:12:10 up 2 days, 43 min,  2 users,  load average: 0.00, 0.00, 0.00", "stdout_lines": [" 04:12:10 up 2 days, 43 min,  2 users,  load average: 0.00, 0.00, 0.00"]}
        to retry, use: --limit @/home/abhishek/showenv.retry

PLAY RECAP **************************************************************
127.0.0.1                  : ok=3    changed=2    unreachable=0    failed=0
4.2.2.2                    : ok=0    changed=0    unreachable=1    failed=0

abhishek@ubuntutest:~$
```

在上圖中，注意在 playbook 裡面執行的 uptime 指令部分（從 changed: [127.0.0.1] => {"changed": true, "cmd": "uptime", "delta":" 之後的部分）。可以看到，如果開啟了 -v 參數的話，就可以在詳細輸出中，看到在每個被管理節點執行該指令的結果。

在很多情況，如果我們建立了許多 playbook 並且希望它們可以被一個主要的 playbook 驅動執行，可以在主要的 playbook 中，載入我們建立的其他 playbook：

```
#example
- import_playbook: myroutercheck.yml
- import_playbook: myserver.yml
```

如果只想從某個 .yml 檔案中載入特定的工作的話：

```
# mytask.yml
---
- name: uptime
  shell: uptime
```

找尋在 main.yml 裡面的設定：

```
tasks:
- import_tasks: mytask.yml
# or
- include_tasks: mytask.yml
```

相同的，我們也可以呼叫在其他 .yml 中的 handler：

```
# extrahandler.yml
---
- name: show uptime
  shell: uptime
```

在 main.yml 裡面找尋設定：

```
handlers:
- include_tasks: extrahandler.yml
# or
- import_tasks: extrahandler.yml
```

當我們在 Ansible 中定義變數時，有幾個重點需要特別注意：

1. 變數不能帶有特殊字元（底線除外）。

2. 變數中間不能有點線或是空格。

3. 變數不能以數字或特殊字元開頭。

舉例像是：

- 合法的變數名稱：check_me、check123
- 不合法的變數名稱：check-me、check me 與 check.me

在 YAML 中，可以利用冒號來建立字典型態的變數。

```
myname:
  name: checkme
  age: 30
```

如果要從變數中取值的話，可以用 myname['name'] 或是 myname.name 來從字典變數中將值取出來。

瞭解 Aisible 的作業系統參數（facts）

如同前面提到的，我們可以利用以下指令，從被管理節點取得作業系統參數：

ansible \<hostname\> -m setup

舉例：

ansible localhost -m setup

執行完畢之後，我們就可以取得傳回值（作業系統參數 **facts**），從這邊可以知道許多系統變數。每個系統變數都會根據不同的被管理節點，有屬於自己的唯一值，放在 hosts 變數下：

```
- hosts: myrouters
  vars:
      mypath: "{{ base_path }}/etc"
```

要使用系統變數的話，我們可以使用 {{variable name}} 來呼叫，不過在 playbook 中，需要在變數前後加上雙引號。

如果要在 playbook 中取得 hostname 這個變數的話：

```
- hosts: myrouters
  tasks:
   - debug:
       msg: "System {{ inventory_hostname }} has hostname as {{
ansible_nodename }}"
```

這個 playbook 的執行結果如下：

```
abhishek@ubuntutest: ~

abhishek@ubuntutest:~$ ansible-playbook showsysname.yml

PLAY [myrouters] ****************************************************

TASK [Gathering Facts] *********************************************
ok: [127.0.0.1]

TASK [debug] ******************************************************
ok: [127.0.0.1] => {
    "msg": "System 127.0.0.1 has hostname as ubuntutest"
}

PLAY RECAP ********************************************************
127.0.0.1                  : ok=2    changed=0    unreachable=0    failed=0

abhishek@ubuntutest:~$
```

如同在圖中看到的，在 playbook 中（前面的程式碼），我們使用了變數 {{inventory_ hostname}} 以及 {{ansible_nodename}}，並將結果輸出到 msg 區段中：System 127.0.0.1 has host hostname as ubuntutest。使用同樣的 playbook 設定，我們可以使用任何想用的作業系統參數，設定到我們的 playbook 當中。

如果想從作業系統參數中取得資訊，可以使用下面的方式取得：

{{ ansible_eth0.ipv4.address }} 或是

{{ ansible_eth0["ipv4"]["address"] }}。

也可以使用命令列，將變數指定到 playbook 中，範例如下：

```
- hosts: "{{hosts}}"
  tasks:
   - debug:
       msg: "Hello {{user}}, System {{ inventory_hostname }} has hostname
as {{ ansible_nodename }}"
```

利用下面這個指令執行 playbook 並傳入變數：

```
ansible-playbook gethosts.yml --extra-vars "hosts=myrouters user=Abhishek"
```

在命令列帶上參數之後，指令的執行結果如下：

```
abhishek@ubuntutest:~$ ansible-playbook gethosts.yml --extra-vars "hosts=myrouters user=Abhishek"
 [WARNING]: Found variable using reserved name: hosts

PLAY [myrouters] ****************************************************************

TASK [Gathering Facts] *********************************************************
ok: [127.0.0.1]

TASK [debug] *******************************************************************
ok: [127.0.0.1] => {
    "msg": "Hello Abhishek, System 127.0.0.1 has hostname as ubuntutest"
}

PLAY RECAP *********************************************************************
127.0.0.1                  : ok=2    changed=0    unreachable=0    failed=0

abhishek@ubuntutest:~$
```

如同上圖看到的，變數 hosts 以及 user 的值被傳入 playbook 中。我們可以從圖中看到，playbook 執行之後，變數 msg 的輸出包含了變數 user 以及在 myrouters 群組中，執行這個 playbook 主機的 IP 位址（在範例中只有一台主機在群組中，主機的 IP 位址是 127.0.0.1）。

Ansible 的條件式

接下來說明執行動作時所需的條件式。語法 when 是用來在執行動作時，當 when 後面的條件式成立時，執行特定的動作所使用的。舉例來說，在執行 uptime 指令時，如果把值 clock 傳到名為 clock 的變數中，會發生如下的狀況：

```
- hosts: myrouters
 tasks:
 - shell: uptime
 - debug:
 msg: "This is clock condition"
 when: clock == "clock"

 - debug:
 msg: "This is NOT a clock condition"
 when: clock != "clock"
```

接著**從命令列執行**，在變數 clock 中帶入錯誤的值 clock123：

```
ansible-playbook checkif.yml --extra-vars "clock=clock123"
```

這時的執行結果如下：

```
abhishek@ubuntutest: ~   ☒
abhishek@ubuntutest:~$ ansible-playbook checkif.yml --extra-vars "clock=clock123"

PLAY [myrouters] ************************************************************

TASK [Gathering Facts] ******************************************************
ok: [127.0.0.1]

TASK [command] *************************************************************
changed: [127.0.0.1]

TASK [debug] ***************************************************************
skipping: [127.0.0.1]

TASK [debug] ***************************************************************
ok: [127.0.0.1] => {
    "msg": "This is NOT a clock condition"
}

PLAY RECAP ****************************************************************
127.0.0.1                  : ok=3    changed=1    unreachable=0    failed=0

abhishek@ubuntutest:~$
```

從圖中可以看到，顯示出的 This is NOT a clock condition 訊息是基於我們傳入的
值所印出來的。如果我們傳入另一個值的話：

```
ansible-playbook checkif.yml --extra-vars "clock=clock"
```

把上面的指令，在命令列執行之後，將會輸出另一個訊息：

```
abhishek@ubuntutest: ~   ☒
abhishek@ubuntutest:~$ ansible-playbook checkif.yml --extra-vars "clock=clock"

PLAY [myrouters] ************************************************************

TASK [Gathering Facts] ******************************************************
ok: [127.0.0.1]

TASK [command] *************************************************************
changed: [127.0.0.1]

TASK [debug] ***************************************************************
ok: [127.0.0.1] => {
    "msg": "This is clock condition"
}

TASK [debug] ***************************************************************
skipping: [127.0.0.1]

PLAY RECAP ****************************************************************
127.0.0.1                  : ok=3    changed=1    unreachable=0    failed=0

abhishek@ubuntutest:~$
```

顯示出來的訊息 This is clock condition 同樣是基於我們在命令列所傳入的值。接著看另一個範例，用類似的方式，改用作業系統參數來做判斷，決定下一步要執行的作業：

```
- hosts: myrouters
  tasks:
   - shell: uptime
   - debug:
       msg: "This is clock condition on Ubuntu"
     when:
      - clock == "clock"
      - ansible_distribution == "Ubuntu"
   - debug:
       msg: "This is clock condition on Red HAT"
     when:
      - clock = "clock"
      - ansible_distribution == "Red Hat"
```

如同上面看到的，這個判斷式是利用 ansible_distribution 這個作業系統參數來做的，如果參數值是 Ubuntu，第一個作業就會被執行，如果參數值是 Red Hat 的話，就會執行另一個作業。而這裡我們也同樣會判斷，當這個 playbook 從命令列中被執行時，變數 clock 的值內容是否為 clock。在上面的程式中，兩個判斷式都需要成功，才會執行該項作業。

Ansible 的迴圈

我們可以用語法 with_items 來做需重複操作的動作。來看個例子，當我們需要一個一個印出列表中的所有值時：

```
---
- hosts : all
  vars:
   - test: Server
  tasks:
   - debug:
  msg: "{{ test }} {{ item }}"
  with_items: [ 0, 2, 4, 6, 8, 10 ]
```

這個 playbook 的執行結果如下圖：

```
✔ abhishek@ubuntutest: ~  ☒
abhishek@ubuntutest:~$ ansible-playbook checkloop.yml

PLAY [all] *******************************************************************

TASK [Gathering Facts] ******************************************************
ok: [127.0.0.1]

TASK [debug] ****************************************************************
ok: [127.0.0.1] => (item=0) => {
    "item": 0,
    "msg": "Server 0"
}
ok: [127.0.0.1] => (item=2) => {
    "item": 2,
    "msg": "Server 2"
}
ok: [127.0.0.1] => (item=4) => {
    "item": 4,
    "msg": "Server 4"
}
ok: [127.0.0.1] => (item=6) => {
    "item": 6,
    "msg": "Server 6"
}
ok: [127.0.0.1] => (item=8) => {
    "item": 8,
    "msg": "Server 8"
}
ok: [127.0.0.1] => (item=10) => {
    "item": 10,
    "msg": "Server 10"
}

PLAY RECAP ******************************************************************
127.0.0.1                  : ok=2    changed=0    unreachable=0    failed=0

abhishek@ubuntutest:~$
```

如同我們在圖中看到的，程式迭代的印出了值 Server 加上在列表中的值作為 item 帶入
之後印出來。相同的，我們可以用語法 with_sequence 印出 1 到 10 的值：

```
---
- hosts : all
 vars:
  - test: Server
tasks:
 - debug:
 msg: "{{ test }} {{ item }}"
 with_sequence: count=10
```

再進階一點，可以只印出在 0 到 10 之間的偶數值，範例如下：

```
with_sequence: start=0 end=10 stride=2
```

有時會需要取得一個隨機值來執行特定的工作，下面的範例用來從四個可用的選項中，隨機取出一個值並顯示出來：

```
---
- hosts : all
 vars:
 - test: Server
tasks:
 - debug:
 msg: "{{ test }} {{ item }}"
 with_random_choice:
    - "Choice Random 1"
    - "Choice Random 2"
    - "Choice Random 3"
    - "Choice Random 4"
```

上面這段程式會從 with_random_choice 宣告中，隨機取得在列表中的一個值。

Ansible 的 Python API

Ansible 可以藉由 Ansible API 被 Python 呼叫，Ansible API 在 2.0 版之後，可以透過 API 與其他程式語言做更好的結合。有一點很重要的是，目前雖然支援利用 Python 為 Ansible 提供更多延展性，但官網也表示會繼續評估維護的困難度跟可行性，不一定會繼續提供 Python API 框架支援（建立或修補錯誤等等）。

以下的範例，會建立一個作業，用來顯示我們在 myrouters 中所建立的 **username** 清單：

```
#call libraries
import json
from collections import namedtuple
from ansible.parsing.dataloader import DataLoader
from ansible.vars.manager import VariableManager
from ansible.inventory.manager import InventoryManager
from ansible.playbook.play import Play
from ansible.executor.task_queue_manager import TaskQueueManager
from ansible.plugins.callback import CallbackBase

Options = namedtuple('Options', ['connection', 'module_path', 'forks',
'become', 'become_method', 'become_user', 'check', 'diff'])

# initialize objects
```

```
loader = DataLoader()
options = Options(connection='local', module_path='', forks=100,
become=None, become_method=None, become_user=None, check=False,
                 diff=False)
passwords = dict(vault_pass='secret')

# create inventory
inventory = InventoryManager(loader=loader, sources=['/etc/ansible/hosts'])
variable_manager = VariableManager(loader=loader, inventory=inventory)

# create play with task
play_source = dict(
        name = "mypythoncheck",
        hosts = 'myrouters',
        gather_facts = 'no',
        tasks = [
            dict(action=dict(module='shell', args='hostname'),
register='shell_out'),
            dict(action=dict(module='debug',
args=dict(msg='{{shell_out.stdout}}')))
        ]
    )
play = Play().load(play_source, variable_manager=variable_manager,
loader=loader)

# execution
task = None
try:
    task = TaskQueueManager(
            inventory=inventory,
            variable_manager=variable_manager,
            loader=loader,
            options=options,
            passwords=passwords,
            stdout_callback='default'
        )
    result = task.run(play)
finally:
    if task is not None:
        task.cleanup()
```

前面這段用來顯示在被管理節點的 username 中：

1. '#call libraries'：這段是用來初始化 Ansible API 函式庫用的：底下的幾個重點還有：

    - from ansible.parsing.dataloader import DataLoader：當需要使用到在 YAML 或是 JSON 中的值時，用來載入和解析 YAML 或 JSON 檔案時會用到的。

    - from ansible.vars import VariableManager：用來知道清單（inventory）的檔案位置在哪裡。

    - from ansible.inventory.manager import InventoryManager：用來初始化清單所使用的。

    - from ansible.playbook.play import Play：用來組態一個 play 所使用的。

    - from ansible.executor.task_queue_manager import TaskQueueManager：用來實際執行已經組態好的 play 所使用。

2. # initialize objects：這段是用來初始化各個元件，像是 root 使用者，或是要利用其他使用者執行的 become_user，以及其他在這個 play 中會使用到的其他參數。

3. # create inventory：這裡是我們用來指定真正的清單（inventory）位置，並且初始化。

4. # create play with task：這裡所建立的工作跟我們之前在建立 .yml 檔案時差不多。以這個範例來說，它會顯示在清單中 myrouters 的所有節點的主機名稱。

5. # execution：這裡是我們用函式 run() 來執行這個 play 中的工作所使用的。

執行結果如下圖：

```
abhishek@ubuntutest: ~
abhishek@ubuntutest:~$ python checkx.py

PLAY [mypythoncheck] ********************************************************

TASK [command] *************************************************************
changed: [127.0.0.1]

TASK [debug] ***************************************************************
ok: [127.0.0.1] => {
    "msg": "ubuntutest"
}
abhishek@ubuntutest:~$
```

如同圖中所看到的，在呼叫了 Python 檔案之後，我們得到了被定義在清單（/etc/ansible/hosts）的 myrouters 群組中的主機名稱（在這裡是 localhost）。

建立網路設定檔範本

對 Ansible 有了基本的認識之後，現在來看個建立設定檔，並且部署到路由器上的範例。首先，我們需要瞭解在 Ansible 中的 Roles 這個東西。Roles 用來建立 playbooks 中的檔案結構，基於 Roles，我們可以將類似的資料跟檔案包在一起。也就是說，使用到同一個 Roles 就會共享同一份檔案結構以及其中的內容。一個基本的 role 檔案結構會包含主資料夾以及內容資料夾，而在內容資料夾下，會有檔案範本（templates）、變數（vars）以及工作（tasks）資料夾。

在範例當中，階層結構長得像下面這樣：

- Main directory
    - -Roles
        - -Routers
            - -Templates
            - -Vars
            - -Tasks

當這個 role 被呼叫到時，在檔案範本（templates）、變數（vars）以及工作（tasks）資料夾中，被命名為 main.yml 的檔案會被當做這個 role 所需要的指令來執行。利用上面展示的階層結構，在我們的測試機上（運行 Ubuntu 作業系統），範例的檔案結構如下圖所示：

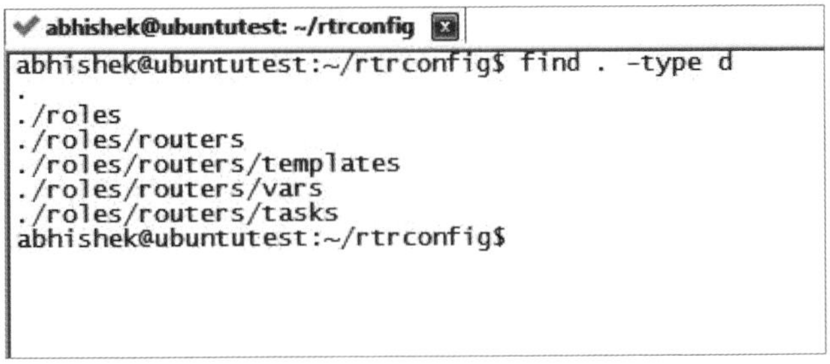

```
abhishek@ubuntutest: ~/rtrconfig
abhishek@ubuntutest:~/rtrconfig$ find . -type d
.
./roles
./roles/routers
./roles/routers/templates
./roles/routers/vars
./roles/routers/tasks
abhishek@ubuntutest:~/rtrconfig$
```

如同在圖中所看到的，在 rtrconfig 資料夾下，我們根據 Ansible 標準定義了各個資料夾，當我們建立好資料夾的階層結構之後，下一步就是依據需求，開始設定或建立在各個資料夾下的檔案。

讓我們利用路由器作為範本，來建立設定檔，並將建立好的範本放到各個資料夾中。

路由器設定檔如下（使用標準的路由器範本來設定路由器）：

```
no service pad
 service tcp-keepalives-in
 service tcp-keepalives-out
 service password-encryption
 username test password test
 !
 hostname {{item.hostname}}
 logging server {{logging_server}}
 !
 logging buffered 32000
 no logging console
 !
 ip domain-lookup enable
 !
 exit
```

如同在範本中看到的，{{item.hostname}} 以及 {{logging_server}} 這兩個值，是稍後我們會使用真實設定來做取代用的。由於這個檔案是 Jinja 範本，我們通常會將這類的範本儲存為副檔名為 .j2 的檔案，在範例中就叫做 routers.j2。下一步是定義其變數值。

如同我們先前看到的，變數 logging_server 一定要有設定值，可以在 roles/routers/vars 資料夾中做設定：

```
---
logging_server: 10.10.10.10
```

把上面的設定存為 main.yml 放在 vars 資料夾中，這在之後的 playbook 執行時會將這個值作為預設值來執行。當我們設定好值以及範本檔之後，下一步就是來定義真正需要執行的工作了。

我們一樣會把檔案存在 roles/routers/tasks 目錄中，並儲存為 main.yml，以便執行時自動載入。

設定檔如下：

```
---
- name: Generate configuration files
  template: src=routers.j2 dest=/home/abhishek/{{item.hostname}}.txt
  with_items:
  - { hostname: myrouter1 }
  - { hostname: myrouter2 }
```

在這個工作的設定檔中，我們呼叫了先前所設定的範本（在範例中是 routers.j2），並且提供該範本所存在的路徑（範例中是 /home/abhishek/{{item.hostname}}.txt）。

一個需要注意的點是 {{item.hostname}} 會依據我們在執行的 with_items 迴圈中，被設定為不同的主機名稱。於是檔名會依據我們列在 with_items 中的項目而動態產生（範例中是 myrouter1.txt 及 myrouter2.txt）。

如同先前提到的，語法 with_items 會取出列表中的所有值的 hostname 變數。一旦我們建立好所有的目錄之後，就可以在 playbook 中呼叫這個 role，並且用來執行。

我們的 playbook 設定檔如下：

```
---
- name: Generate router configuration files
  hosts: localhost

  roles:
    - routers
```

由於我們想要在本地端執行，所以在 hosts 的部分設定為 localhost，再來就是呼叫需要執行的 role（範例中是 routers）。設定完之後，將它儲存為副檔名 .yml 的檔案（範例中是 makeconfig.yml）。

最後，要確認所有的 `.yml` 檔案都依據它們所該在的目錄建立：

1. 回顧剛剛我們建立的所有檔案，應該都被放在 `rtrconfig` 目錄下，底下的結構
   如下圖：

```
abhishek@ubuntutest: ~/rtrconfig  [x]
abhishek@ubuntutest:~/rtrconfig$ find .
.
./makeconfig.yml
./roles
./roles/routers
./roles/routers/templates
./roles/routers/templates/routers.j2
./roles/routers/vars
./roles/routers/vars/main.yml
./roles/routers/tasks
./roles/routers/tasks/main.yml
abhishek@ubuntutest:~/rtrconfig$
```

2. 為了建立路由器的設定檔，我們執行 `makeconfig.yml` 這個 playbook：

```
abhishek@ubuntutest: ~/rtrconfig  [x]
abhishek@ubuntutest:~/rtrconfig$ ansible-playbook makeconfig.yml

PLAY [Generate router configuration files] ********************************

TASK [Gathering Facts] ****************************************************
ok: [127.0.0.1]

TASK [routers : Generate configuration files] *****************************
changed: [127.0.0.1] => (item={u'hostname': u'myrouter1'})
changed: [127.0.0.1] => (item={u'hostname': u'myrouter2'})

PLAY RECAP ****************************************************************
127.0.0.1                  : ok=2    changed=1    unreachable=0    failed=0

abhishek@ubuntutest:~/rtrconfig$
```

3. 只要執行成功，在 `/home/abhishek` 目錄中，就會多出兩個產生出來的設定檔
   `myrouter1.txt` 及 `myrouter2.txt`。

```
abhishek@ubuntutest: ~  [x]
abhishek@ubuntutest:~$ ls -l my*.txt
-rw-r--r-- 1 abhishek root 250 Oct 24 04:36 myrouter1.txt
-rw-r--r-- 1 abhishek root 250 Oct 24 04:36 myrouter2.txt
abhishek@ubuntutest:~$
```

4. 底下是其中一個檔案的內容：

```
abhishek@ubuntutest: ~
abhishek@ubuntutest:~$ more myrouter1.txt
no service pad
service tcp-keepalives-in
service tcp-keepalives-out
service password-encryption
username test password test
!
hostname myrouter1
logging server 10.10.10.10
!
logging buffered 32000
no logging console
!
ip domain-lookup enable
!
exit

abhishek@ubuntutest:~$
```

5. 現在可以看到，我們利用範本產生出路由器的設定檔，並且將主機名稱及
   logging_server 的部分做了取代。

現在設定檔已經產生，並且可以被推送到指定的路由器（這會是之後在 roles/
routers/tasks 目錄中的 main.yml 的設定），相同的，我們可以建立其他裝置所使
用的其他 role，像是 switches、routers 以及 load balancers 等等，並且讓各個不同
的 role 擁有自己的特殊資訊，像是檔案範本（templates）、變數（vars）以及工作
（tasks）等等。

結語

在本章，我們學會了什麼是 Ansible、如何安裝 Ansible，以及基本使用方法。本章也同時介紹了 Ansible 的內容及語法，像是如何建立 playbooks、工作（tasks）以及其他 Ansible 的基本函式。我們也認識了臨時指令（ad-hoc command）以及了解作業系統參數及其基本用法。

最後，我們使用了 Jinja 範本以及了解如何利用這個範本，建立完整的設定檔，在 Ansible 中利用 role 讓不同的裝置有屬於自己的設定。

下一章，將說明如何呼叫其他程式來幫助我們進行自動化。像是利用 Splunk 來作為 syslog 的收集器，以及從 Python 中取得資訊、基礎的 BGP 自動化、UC 整合範例，以及其他可以用來幫我們建立自動化腳本的範例。

6

給網路工程師的持續整合
(Continuous Integration)
概念

如 同在前一章看到的，現在我們有足夠的能力和知識，用 Ansible 及運用最佳
實踐創造自動化網路，讓我們繼續往自動化之路邁進。

在本章，我們會看一些用來幫助我們自動化的工具，還有一些更進階的，使用更
多不同的裝置以及網路技術的範例。

本章涵蓋以下主題：

- 與 Splunk 做整合
- BGP 以及路由表
- 無線網路裝置和 AP 及網路埠的關係
- 手機到網路埠
- WLAN 以及 IPAM
- 最佳實踐及其使用

與 Splunk 做整合

Splunk 是目前用來做資料探勘的主要工具之一，利用其資料探勘以及資料挖掘的能力，工程師可以由探勘出來的結果決定之後要採取的動作。本章會看到一些 Splunk 作為 Syslog 伺服器的範例，我們會利用測試路由器，傳送訊息到作為 Syslog 的 Splunk 伺服器，接著就可以利用 Splunk 查詢結果，根據結果做出相對應的動作。

這是在做自動化的過程中很重要的一步，基於特定的事件（警報或 syslog 訊息），可以用來驅動自動化的事件，執行相對應的工作，像是自動修復系統，或是寄出電子郵件，或是使用第三方工具建立追蹤傳票，來讓團隊可以持續追蹤事件後續。

底下我們會介紹如何將 Splunk 設定為 Syslog 伺服器的過程：

1. 下載並安裝完 Splunk 之後，我們可以用瀏覽器開啟網址
   `http://localhost:8000/en-US/account/login?return_to=%2Fen-US%2F`，
   會看到如下的畫面：

2. 登入之後，建立一個監聽列表來作為 syslog 伺服器（在此用 TCP 協定，並且使用預設的 514 埠）：

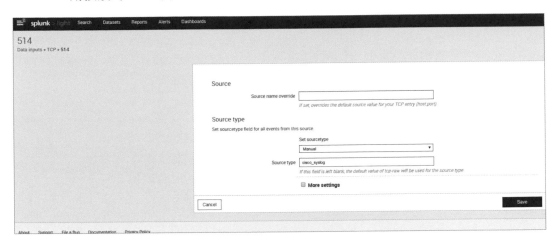

設定完成之後，確保本機的防火牆有開啟 TCP 514 埠，之後就可以開始讓網路裝置將訊息送到這裡。

3. 設置路由器傳送 syslog，我們利用以下指令來開啟路由器的紀錄功能（在範例中，我們的 Syslog 伺服器 IP 是 192.168.255.250）：

```
config t
logging host 192.168.255.250 transport tcp port 514
logging buffered informational
exit
```

執行完畢之後，路由器就會開始將 syslog 訊息送到我們指定 IP 的 514 埠，在這裡收集的訊息層級是 information。

4. 設定完畢之後，若要確認設定是否正確，可以在某個介面執行 shutdown 以及 no shutdown 指令（範例中使用的是 Loopback0 介面），利用指令 show logging 來看記錄：

```
R2#show logging
Syslog logging: enabled (11 messages dropped, 0 messages rate-
limited,
                   0 flushes, 0 overruns, xml disabled, filtering
disabled)
    Console logging: level debugging, 26 messages logged, xml
disabled,
                   filtering disabled
    Monitor logging: level debugging, 0 messages logged, xml
disabled,
                   filtering disabled
    Buffer logging: level informational, 7 messages logged, xml
disabled,
                   filtering disabled
    Logging Exception size (4096 bytes)
    Count and timestamp logging messages: disabled
No active filter modules.
    Trap logging: level informational, 30 message lines logged
        Logging to 192.168.255.250(global) (tcp port 514, audit
disabled, link up), 30 message lines logged, xml disabled,
                   filtering disabled
Log Buffer (4096 bytes):
*Mar  1 01:02:04.223: %SYS-5-CONFIG_I: Configured from console
by console
*Mar  1 01:02:10.275: %SYS-6-LOGGINGHOST_STARTSTOP: Logging to
host 192.168.255.250 started - reconnection
*Mar  1 01:02:32.179: %LINK-5-CHANGED: Interface Loopback0,
changed state to administratively down
*Mar  1 01:02:33.179: %LINEPROTO-5-UPDOWN: Line protocol on
Interface Loopback0, changed state to down
*Mar  1 01:02:39.303: %SYS-5-CONFIG_I: Configured from console
by console
*Mar  1 01:02:39.647: %LINK-3-UPDOWN: Interface Loopback0,
changed state to up
*Mar  1 01:02:40.647: %LINEPROTO-5-UPDOWN: Line protocol on
Interface Loopback0, changed state to up
```

當你看到紀錄中出現 tcp port 514, audit disabled, link up 這行，就代表路由器會將 syslog 送到 Syslog 伺服器。

5. 下圖顯示了 Splunk 收到的原生 syslog 訊息：

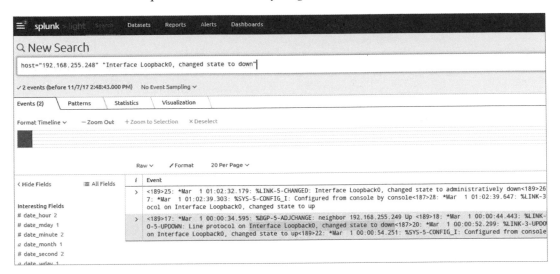

我們在 **New Search** 的部分中，可以撰寫查詢，篩選出我們需要的訊息，如果想要知道 Interface Loopback0 被關閉的訊息，可以撰寫以下的查詢：

```
host="192.168.255.248" "Interface Loopback0, changed state to
down"
```

6. 如果想要利用 Python 來做這個查詢的話，寫法如下：

```
import requests
import json
from xml.dom import minidom

username="admin"
password="admin"

### For generating the session key ####
url = 'https://localhost:8089/services/auth/login'
headers = {'Content-Type': 'application/json'}
data={"username":username,"password":password}
requests.packages.urllib3.disable_warnings()
r = requests.get(url, auth=(username, password), data=data,
headers=headers,verify=False)
sessionkey =
minidom.parseString(r.text).getElementsByTagName('sessionKey')
[0].childNodes[0].nodeValue
```

```
#### For executing the query using the generated sessionkey
headers={"Authorization":"Splunk "+sessionkey}
data={"search":'search host="192.168.255.248" "Interface
Loopback0, changed state to down"','"output_mode":"json"}
r=requests.post('https://localhost:8089/servicesNS/admin/search
/search/jobs/export',data=data , headers=headers,verify=False);
print (r.text)
```

在第一個部分，我們利用 Splunk 的 API 來取得驗證所需要的會話密鑰（或密碼），得以執行之後的查詢並取得結果。取得會話密鑰（從回傳的 XML 輸出中解析出來）之後，開始建立標頭檔，以及利用 requests.post 函式來執行查詢，查詢的語句格式如下：

```
{"search":'search host="192.168.255.248" "Interface Loopback0,
changed state to down"'}
```

換句話說，我們將上面的查詢語句放到變數中（變數名為 Search），再將此變數作為查詢所需的變數送出，如下：

```
Search='search host="192.168.255.248" "Interface Loopback0,
changed state to down"'
```

我們同時也設定了 output_mode 為 JSON 格式，當然也可以設定為 CSV 或 XML。

執行結果如下圖：

如同圖中所看到的，我們得到並顯示出來的值，就是 JSON 格式。

整個範例大概介紹到這裡，之後要繼續加強這個腳本的功能的話，可以使用上面介紹的部分做為基礎，加上其他函式或邏輯判斷，來決定條件被觸發之後，需要做什麼後續動作。以上面的範例來說，我們可以利用查詢出來的資料，基於回傳的結果來建立自動修復的腳本，或是做其他的動作。

各領域的自動化範例

在熟悉並瞭解如何將各種裝置、API、控制器整合起來做自動化之後，讓我們看一些整合網路裝置，並且利用自動化框架來執行一些複雜情境的範例。

有些範例可能複雜到可以自成一個小型專案，不過這些範例可以幫助你瞭解更多，更深入的自動化流程以及技巧。

BGP 與路由表

舉個例子，假設我們需要設定 BGP，驗證連線是否正常，並且回報連線的詳細資訊。在範例中，我們有兩個路由器（以兩台路由器都已經可以互相 ping 到對方作為前提），如下圖：

從圖中我們可以看到，R2 跟 testrouter 之間，可以利用介面 FastEthernet0/0 及其 IP 位址來 ping 到對方。

下一步是做簡單的 BGP 設定，在範例中，我們的**自治系統號碼（Autonomous System Number**）為 200，程式碼如下：

```python
from netmiko import ConnectHandler
import time

def pushbgpconfig(routerip,remoteip,localas,remoteas,newconfig="false"):
    uname="cisco"
    passwd="cisco"
    device = ConnectHandler(device_type='cisco_ios', ip=routerip,
username=uname, password=passwd)
    cmds=""
    cmds="router bgp "+localas
    cmds=cmds+"\n neighbor "+remoteip+" remote-as "+remoteas
    xcheck=device.send_config_set(cmds)
    print (xcheck)
    outputx=device.send_command("wr mem")
    print (outputx)
    device.disconnect()


def validatebgp(routerip,remoteip):
    uname="cisco"
    passwd="cisco"
    device = ConnectHandler(device_type='cisco_ios', ip=routerip,
username=uname, password=passwd)
    cmds="show ip bgp neighbors "+remoteip+" | include BGP state"
    outputx=device.send_command(cmds)
    if ("Established" in outputx):
        print ("Remote IP "+remoteip+" on local router "+routerip+" is in
ESTABLISHED state")
    else:
        print ("Remote IP "+remoteip+" on local router "+routerip+" is
NOT IN ESTABLISHED state")
    device.disconnect()
pushbgpconfig("192.168.255.249","192.168.255.248","200","200")
### we give some time for bgp to establish
print ("Now sleeping for 5 seconds....")
time.sleep(5) # 5 seconds
validatebgp("192.168.255.249","192.168.255.248")
```

執行結果如下：

```
Python 3.6.1 Shell
File  Edit  Shell  Debug  Options  Window  Help
Python 3.6.1 (v3.6.1:69c0db5, Mar 21 2017, 17:54:52) [MSC v.1900 32 bit (Intel)] on win32
Type "copyright", "credits" or "license()" for more information.
>>>
==================== RESTART: C:/a1/bgpconfigpush.py ====================
config term
Enter configuration commands, one per line.  End with CNTL/Z.
testrouter(config)#router bgp 200
testrouter(config-router)# neighbor 192.168.255.248 remote-as 200
testrouter(config-router)#end
testrouter#
Building configuration...
[OK]
Now sleeping for 5 seconds....
Remote IP 192.168.255.248 on local router 192.168.255.249 is in ESTABLISHED state
>>>
```

從圖中可以看到，將 BGP 設定推送到路由器上，當設定完成，腳本會等待 5 秒之後，開始驗證 BGP 的狀態是不是處於 ESTABLISHED 狀態。

上面的設定是正確的，也驗證成功了。讓我們看看如果設定不正確時，會發生什麼狀況：

```python
from netmiko import ConnectHandler
import time
def pushbgpconfig(routerip,remoteip,localas,remoteas,newconfig="false"):
 uname="cisco"
 passwd="cisco"
 device = ConnectHandler(device_type='cisco_ios', ip=routerip,
username=uname, password=passwd)
 cmds=""
 cmds="router bgp "+localas
 cmds=cmds+"\n neighbor "+remoteip+" remote-as "+remoteas
 xcheck=device.send_config_set(cmds)
 print (xcheck)
 outputx=device.send_command("wr mem")
 print (outputx)
 device.disconnect()
def validatebgp(routerip,remoteip):
 uname="cisco"
 passwd="cisco"
 device = ConnectHandler(device_type='cisco_ios', ip=routerip,
username=uname, password=passwd)
 cmds="show ip bgp neighbors "+remoteip+" | include BGP state"
 outputx=device.send_command(cmds)
 if ("Established" in outputx):
```

```
 print ("Remote IP "+remoteip+" on local router "+routerip+" is in
ESTABLISHED state")
 else:
 print ("Remote IP "+remoteip+" on local router "+routerip+" is NOT IN
ESTABLISHED state")
 device.disconnect()

pushbgpconfig("192.168.255.249","192.168.255.248","200","400")
### we give some time for bgp to establish
print ("Now sleeping for 5 seconds....")
time.sleep(5) # 5 seconds
validatebgp("192.168.255.249","192.168.255.248")
```

執行結果如下：

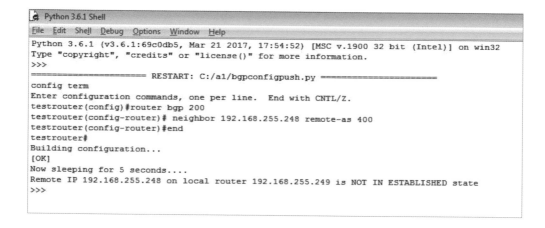

如同圖中所看到的，這次推送的設定檔，在自治系統號碼設定為錯誤的 400，設定不正確的話，會得到連線未建立（non-established）的訊息，也代表了我們的推送設定有誤。相同的，我們也可以利用相同的方法來設定其他的 BGP 節點。有時候，我們需要從現行設定檔中，取得某些特定資訊。

舉個例子，下面的程式會讀取現行設定檔，作為列表回傳，並顯示出來：

```python
from netmiko import ConnectHandler
import itertools

class linecheck:
    def __init__(self):
        self.state = 0
    def __call__(self, line):
        if line and not line[0].isspace():
            self.state += 1
        return self.state

def getbgpipaddress(routerip):
    uname="cisco"
    passwd="cisco"
    device = ConnectHandler(device_type='cisco_ios', ip=routerip,
username=uname, password=passwd)
    cmds="show running-config"
    outputx=device.send_command(cmds)
    device.disconnect()
    for _, group in itertools.groupby(outputx.splitlines(),
key=linecheck()):
        templist=list(group)
        if (len(templist) == 1):
            if "!" in str(templist):
                continue
        print(templist)


getbgpipaddress("192.168.255.249")
```

執行結果如下：

```
Python 3.6.1 Shell
File  Edit  Shell  Debug  Options  Window  Help
Python 3.6.1 (v3.6.1:69c0db5, Mar 21 2017, 17:54:52) [MSC v.1900 32 bit (Intel)] on win32
Type "copyright", "credits" or "license()" for more information.
>>>
================= RESTART: C:/a1/bgpipaddressiter.py =================
['Building configuration...', '']
['Current configuration : 1514 bytes']
['version 12.4']
['service timestamps debug datetime msec']
['service timestamps log datetime msec']
['no service password-encryption']
['hostname testrouter']
['boot-start-marker']
['boot-end-marker']
['no aaa new-model']
['no ip icmp rate-limit unreachable']
['ip cef']
['no ip domain lookup']
['ip domain name mycheck.com']
['multilink bundle-name authenticated']
['username test privilege 15 secret 5 $1$TMpC$DCmseRSyR7AOyzMMDYPKp.']
['username cisco privilege 15 secret 5 $1$jOrL$9176BjgDfV1Y80AlhJILf1']
['username checkme password 0 checkme']
['archive', ' log config', '  hidekeys']
['ip tcp synwait-time 5']
['ip ssh version 2']
['interface FastEthernet0/0', ' description my test', ' ip address 192.168.255.249 255.255.255.0', ' duplex auto', ' speed auto']
['interface Serial0/0', ' no ip address', ' shutdown', ' clock rate 2000000']
['interface FastEthernet0/1', ' description this is checkme', ' no ip address', ' shutdown', ' duplex auto', ' speed auto']
['interface FastEthernet1/0', ' no ip address', ' shutdown', ' duplex auto', ' speed auto']
['router bgp 200', ' no synchronization', ' bgp log-neighbor-changes', ' neighbor 192.168.255.248 remote-as 200', ' no auto-summary']
['ip forward-protocol nd']
['no ip http server']
['no ip http secure-server']
['snmp-server community public RO']
['no cdp log mismatch duplex']
['control-plane']
['line con 0', ' exec-timeout 0 0', ' privilege level 15', ' logging synchronous']
['line aux 0', ' exec-timeout 0 0', ' privilege level 15', ' logging synchronous']
['line vty 0 4', ' exec-timeout 5 0', ' login local', ' transport input ssh']
['end']
>>>
```

從圖中可以看到，除了有驚嘆號在前面的設定之外，我們取得了所有的現行設定檔，等同於在路由器上執行 show running-config 指令所產生的結果。現在我們已經將現行設定檔放到一個列表中，換句話說，我們所需要的資訊（像是 BGP 介面的相關資訊）也都在同一個列表當中。

現在來加強一下這支程式，假設想要看到路由器上所設定的 BGP 之遠端 IP：

```
from netmiko import ConnectHandler
import itertools
import re

class linecheck:
    def __init__(self):
        self.state = 0
    def __call__(self, line):
        if line and not line[0].isspace():
            self.state += 1
        return self.state
```

```python
def getbgpipaddress(routerip):
    uname="cisco"
    passwd="cisco"
    device = ConnectHandler(device_type='cisco_ios', ip=routerip,
username=uname, password=passwd)
    cmds="show running-config"
    outputx=device.send_command(cmds)
    device.disconnect()
    for _, group in itertools.groupby(outputx.splitlines(),
key=linecheck()):
        templist=list(group)
        if (len(templist) == 1):
            if "!" in str(templist):
                continue
        if "router bgp" in str(templist):
            for line in templist:
                if ("neighbor " in line):
                    remoteip=re.search("\d+.\d+.\d+.\d+",line)
                    print ("Remote ip: "+remoteip.group(0))


getbgpipaddress("192.168.255.249")
```

執行結果如下：

```
Python 3.6.1 Shell
File  Edit  Shell  Debug  Options  Window  Help
Python 3.6.1 (v3.6.1:69c0db5, Mar 21 2017, 17:54:52) [MSC v.1900 32 bit (Intel)] on win32
Type "copyright", "credits" or "license()" for more information.
>>>
===================== RESTART: C:/a1/bgpipconfig.py =====================
Remote ip: 192.168.255.248
>>>
```

在範例中，我們解析了現行設定檔，並且關注在路由器的 bgp 設定部份。一旦我們取得現行設定檔的列表，就可以分析這個列表，並且使用正規表示式來取得有 neighbor 這個字的設定，擷取出遠端 IP 位址。執行之後顯示出來的值，就是我們在 BGP 設定中的遠端 IP 位址。

當我們使用 BGP 時，自治系統號碼（AS numbers）對 BGP 來說是很重要的一部分，需要被解析以及驗證。我們可以利用以下的範例，取得 BGP 路由的自治系統號碼，範例中使用了 pyasn 這個函式庫，用來找出自製系統號碼資訊，以及網際網路 IP 位址。

由於我們用到非內建的函式庫，需要事先安裝才能在腳本中使用：

```
pip install cymruwhois
```

範例程式如下：

```python
import socket

def getfromhostname(hostname):
    print ("AS info for hostname :"+hostname)
    ip = socket.gethostbyname(hostname)
    from cymruwhois import Client
    c=Client()
    r=c.lookup(ip)
    print (r.asn)
    print (r.owner)

def getfromip(ip):
    print ("AS info for IP : "+ip)
    from cymruwhois import Client
    c=Client()
    r=c.lookup(ip)
    print (r.asn)
    print (r.owner)


getfromhostname("google.com")
getfromip("107.155.8.0")
```

執行結果如下：

```
Python 3.6.1 Shell
File  Edit  Shell  Debug  Options  Window  Help
Python 3.6.1 (v3.6.1:69c0db5, Mar 21 2017, 17:54:52) [MSC v.1900 32 bit (Intel)] on
Type "copyright", "credits" or "license()" for more information.
>>>
======================= RESTART: C:/a1/bgpwhois.py =======================
AS info for hostname :google.com
15169
GOOGLE - Google Inc., US
AS info for IP : 107.155.8.0
3356
LEVEL3 - Level 3 Communications, Inc., US
>>>
```

如同我們在圖中看到的，第一個函式 getfromhostname，用來取得在 hostname 裝置上的資訊，另一個函式 getfromip 是執行一樣的功能，不過是使用 IP 來查詢，而非 hostname。

設置跟無線網路存取點連接的 Cisco 網路埠

當我們處在多裝置的環境中，除了路由器和交換器之外，還需要使用到其他的網路裝置，像是無線網路等等。底下的範例，展示了如何設置跟無線網路存取點相連接的交換器。

在範例中，我們假設無線網路存取點使用 vlan 100 以及 vlan 200 配發給使用者，而原生 vlan 則為 10，範例程式如下：

```
from netmiko import ConnectHandler
import time

def apvlanpush(routerip,switchport):
    uname="cisco"
    passwd="cisco"
    device = ConnectHandler(device_type='cisco_ios', ip=routerip,
username=uname, password=passwd)
    cmds="interface "+switchport
    cmds=cmds+"\nswitchport mode trunk\nswitchport trunk encapsulation
dot1q\n"
    cmds=cmds+ "switchport trunk native vlan 10\nswitchport trunk allowed
vlan add 10,100,200\nno shut\n"
    xcheck=device.send_config_set(cmds)
    print (xcheck)
```

```
        device.disconnect()

def validateswitchport(routerip,switchport):
    uname="cisco"
    passwd="cisco"
    device = ConnectHandler(device_type='cisco_ios', ip=routerip,
username=uname, password=passwd)
    cmds="show interface "+switchport+" switchport "
    outputx=device.send_command(cmds)
    print (outputx)
    device.disconnect()
apvlanpush("192.168.255.245","FastEthernet2/0")
time.sleep(5) # 5 seconds
validateswitchport("192.168.255.245","FastEthernet2/0")
```

執行結果如下：

```
Python 3.6.1 Shell
File  Edit  Shell  Debug  Options  Window  Help
Python 3.6.1 (v3.6.1:69c0db5, Mar 21 2017, 17:54:52) [MSC v.1900 32 bit (Intel)] on win32
Type "copyright", "credits" or "license()" for more information.
>>>
======================= RESTART: C:/a1/apvlanpush.py =======================
config term
Enter configuration commands, one per line.  End with CNTL/Z.
R3(config)#interface FastEthernet2/0
R3(config-if)#switchport mode trunk
R3(config-if)#switchport trunk encapsulation dot1q
R3(config-if)#switchport trunk native vlan 10
R3(config-if)#switchport trunk allowed vlan add 10,100,200
R3(config-if)#no shut
R3(config-if)#end
R3#
Name: Fa2/0
Switchport: Enabled
Administrative Mode: trunk
Operational Mode: down
Administrative Trunking Encapsulation: dot1q
Negotiation of Trunking: Disabled
Access Mode VLAN: 0 ((Inactive))
Trunking Native Mode VLAN: 10 ((Inactive))
Trunking VLANs Enabled: ALL
Trunking VLANs Active: none
Priority for untagged frames: 0
Override vlan tag priority: FALSE
Voice VLAN: none
Appliance trust: none
>>>
```

從圖中可以看到，無線網路存取點需要連接到交換器上的網路埠，而該埠需要設置為 trunk 模式，並且允許我們所需要的 VLAN 通過，所以我們設計了兩個函式，第一個函式是給定我們需要設定的交換器或路由器名稱，以及需要設定的介面名稱。

一旦設定完成，並且成功推送到交換器之後，接著執行 validateswitchport 函數來驗證要設定的網路埠是不是設置好了 trunk 模式。而我們可以進一步利用 validateswitchport 函式的 outputx 變數，進一步利用正規表示式來擷取出所需的資訊，像是該網路埠目前的狀態以及操作模式等等。

除此之外，我們也可以使用驗證函式的輸出結果，來呼叫其他函式，繼續做其他設定，像是將原生的 VLAN 改為設置到 20。

下面讓我們看看，怎麼讓原生的 VLAN 改設置到 20，範例如下：

```python
from netmiko import ConnectHandler
import time

def apvlanpush(routerip,switchport):
    uname="cisco"
    passwd="cisco"
    device = ConnectHandler(device_type='cisco_ios', ip=routerip,
username=uname, password=passwd)
    cmds="interface "+switchport
    cmds=cmds+"\nswitchport mode trunk\nswitchport trunk encapsulation
dot1q\n"
    cmds=cmds+ "switchport trunk native vlan 10\nswitchport trunk allowed
vlan add 10,100,200\nno shut\n"
    xcheck=device.send_config_set(cmds)
    print (xcheck)
    device.disconnect()

def validateswitchport(routerip,switchport):
    print ("\nValidating switchport...."+switchport)
    uname="cisco"
    passwd="cisco"
    device = ConnectHandler(device_type='cisco_ios', ip=routerip,
username=uname, password=passwd)
    cmds="show interface "+switchport+" switchport "
    outputx=device.send_command(cmds)
    print (outputx)
    outputx=outputx.split("\n")
    for line in outputx:
        if ("Trunking Native Mode VLAN: 10" in line):
            changenativevlan(routerip,switchport,"20")
    device.disconnect()

def changenativevlan(routerip,switchport,nativevlan):
    print ("\nNow changing native VLAN on switchport",switchport)
```

```
    uname="cisco"
    passwd="cisco"
    device = ConnectHandler(device_type='cisco_ios', ip=routerip,
username=uname, password=passwd)
    cmds="interface "+switchport
    cmds=cmds+"\nswitchport trunk native vlan "+nativevlan+"\n"
    xcheck=device.send_config_set(cmds)
    print (xcheck)
    validateswitchport(routerip,switchport)
    device.disconnect()
apvlanpush("192.168.255.245","FastEthernet2/0")
time.sleep(5) # 5 seconds
validateswitchport("192.168.255.245","FastEthernet2/0")
```

執行結果如下圖：

- 驗證並變更原生 VLAN 到 20：

```
Python 3.6.1 Shell
File  Edit  Shell  Debug  Options  Window  Help
Python 3.6.1 (v3.6.1:69c0db5, Mar 21 2017, 17:54:52) [MSC v.1900 32 bit (Intel)] on win32
Type "copyright", "credits" or "license()" for more information.
>>>
=================== RESTART: C:/a1/apvlanpush.py ===================
config term
Enter configuration commands, one per line.  End with CNTL/Z.
R3(config)#interface FastEthernet2/0
R3(config-if)#switchport mode trunk
R3(config-if)#switchport trunk encapsulation dot1q
R3(config-if)#switchport trunk native vlan 10
R3(config-if)#switchport trunk allowed vlan add 10,100,200
R3(config-if)#no shut
R3(config-if)#end
R3#

Validating switchport....FastEthernet2/0
Name: Fa2/0
Switchport: Enabled
Administrative Mode: trunk
Operational Mode: down
Administrative Trunking Encapsulation: dot1q
Negotiation of Trunking: Disabled
Access Mode VLAN: 0 ((Inactive))
Trunking Native Mode VLAN: 10 ((Inactive))
Trunking VLANs Enabled: ALL
Trunking VLANs Active: none
Priority for untagged frames: 0
Override vlan tag priority: FALSE
Voice VLAN: none
Appliance trust: none

Now changing native VLAN on switchport FastEthernet2/0
config term
Enter configuration commands, one per line.  End with CNTL/Z.
R3(config)#interface FastEthernet2/0
R3(config-if)#switchport trunk native vlan 20
R3(config-if)#end
R3#
```

- 確認新的原生 VLAN 號碼：

```
Validating switchport....FastEthernet2/0
Name: Fa2/0
Switchport: Enabled
Administrative Mode: trunk
Operational Mode: down
Administrative Trunking Encapsulation: dot1q
Negotiation of Trunking: Disabled
Access Mode VLAN: 0 ((Inactive))
Trunking Native Mode VLAN: 20 ((Inactive))
Trunking VLANs Enabled: ALL
Trunking VLANs Active: none
Priority for untagged frames: 0
Override vlan tag priority: FALSE
Voice VLAN: none
Appliance trust: none
>>>
```

如同上圖中所看到的，現在已經把原生 VLAN 從原本的 10 改成 20。這個功能在除錯時也是個很好用的技巧，當我們想要基於設定中的內容來做條件判斷，做出動態的設定時，是個很棒的做法。

設置跟 IP 電話連接的 Cisco 網路埠

如同我們在上面為了無線網路，將網路埠設置為 trunk 模式，我們也可以為了 IP 電話來設定網路埠。通常作為 IP 電話的網路埠，會在網路電話後面接著傳輸資料使用，換句話說，同一個網路埠，會同時用來傳輸語音和數據資料。

讓我們看以下範例，瞭解如何設定 IP 電話的網路埠：

```python
from netmiko import ConnectHandler
import time

def ipphoneconfig(routerip,switchport):
    uname="cisco"
    passwd="cisco"
    device = ConnectHandler(device_type='cisco_ios', ip=routerip,
username=uname, password=passwd)
    cmds="interface "+switchport
    cmds=cmds+"\nswitchport mode access\nswitchport access vlan 100\n"
    cmds=cmds+ "switchport voice vlan 200\nspanning-tree portfast\nno
shut\n"
    xcheck=device.send_config_set(cmds)
    print (xcheck)
    device.disconnect()

def validateswitchport(routerip,switchport):
    print ("\nValidating switchport...."+switchport)
    uname="cisco"
    passwd="cisco"
    device = ConnectHandler(device_type='cisco_ios', ip=routerip,
username=uname, password=passwd)
    cmds="show interface "+switchport+" switchport "
    outputx=device.send_command(cmds)
    print (outputx)
    outputx=outputx.split("\n")
    for line in outputx:
        if ("Trunking Native Mode VLAN: 10" in line):
            changenativevlan(routerip,switchport,"20")
    device.disconnect()
ipphoneconfig("192.168.255.245","FastEthernet2/5")
time.sleep(5) # 5 seconds
validateswitchport("192.168.255.245","FastEthernet2/5")
```

程式的執行結果如下：

```
Python 3.6.1 Shell
File  Edit  Shell  Debug  Options  Window  Help
Python 3.6.1 (v3.6.1:69c0db5, Mar 21 2017, 17:54:52) [MSC v.1900 32 bit (Intel)] on win32
Type "copyright", "credits" or "license()" for more information.
>>>
======================= RESTART: C:/a1/ipphonepush.py =======================
config term
Enter configuration commands, one per line.  End with CNTL/Z.
R3(config)#interface FastEthernet2/5
R3(config-if)#switchport mode access
R3(config-if)#switchport access vlan 100
R3(config-if)#switchport voice vlan 200
R3(config-if)#spanning-tree portfast
%Warning: portfast should only be enabled on ports connected to a single host.
 Connecting hubs, concentrators, switches,  bridges, etc.to this interface
 when portfast is enabled, can cause temporary spanning tree loops.
 Use with CAUTION

%Portfast has been configured on FastEthernet2/5 but will only
 have effect when the interface is in a non-trunking mode.
R3(config-if)#no shut
R3(config-if)#end
R3#

Validating switchport....FastEthernet2/5
Name: Fa2/5
Switchport: Enabled
Administrative Mode: static access
Operational Mode: down
Administrative Trunking Encapsulation: dot1q
Negotiation of Trunking: Disabled
Access Mode VLAN: 100 (VLAN0100)
Trunking Native Mode VLAN: 1 (default)
Trunking VLANs Enabled: ALL
Trunking VLANs Active: none
Priority for untagged frames: 0
Override vlan tag priority: FALSE
Voice VLAN: 200
Appliance trust: none
>>>
```

如同我們看到的，我們設置的網路埠（範例中是介面 FastEthernet 2/5）被指定了語音 VLAN 200 以及存取數據資料的 VLAN 100（可以從圖中看到的 Access Mode VLAN: 100 這行確認）。任何一具 IP 電話接上這個連接埠，就可以同時使用兩個 VLAN 來存取數據網路和語音網路，並且經由先前的範例，我們也可以對設定完的網路裝置繼續做進一步的檢查，來防止任何錯誤設定的產生。

無線網路

許多廠商都有屬於自己的後端 API 可以用來控制裝置，或是可以呼叫 Python 來做特定的工作，在無線網路中，大家常用的廠商之一是 Netgear。Python 有一個函式庫叫做 pynetgear 就是用來控制 Netgear 裝置，並協助我們做自動化。

舉個例子，如果想要取得目前在 Netgear 的無線網路裝置上所有連接的網路裝置資訊：

```
>>> from pynetgear import Netgear, Device
>>> netgear = Netgear("myrouterpassword", "192.168.100.1","admin","80")
>>> for i in netgear.get_attached_devices():
    print (i)
```

函式 Netgear 需要的參數順序如下：裝置密碼、裝置的 IP 位址、裝置的使用者名稱、要連接的埠號。

如同範例中所看到的，我們可以使用網址 http://192.168.100.1 以及使用者名稱 admin，使用者密碼 myrouterpassword 來存取這個網路裝置，準備就緒之後，就可以利用這些資訊來繼續做其他事情。

執行結果如下：

```
>>> netgear.get_attached_devices()
[Device(signal=3, ip='192.168.100.4', name='ANDROID-12345',
mac='xx:xx:xx:xx:xx:xx', type='wireless', link_rate=72),
Device(signal=None, ip='192.168.100.55', name='ANDROID-678910',
mac='yy:yy:yy:yy:yy:yy', type='wireless', link_rate=72),
Device(signal=None, ip='192.168.100.10', name='mylaptop',
mac='zz:zz:zz:zz:zz:zz', type='wireless', link_rate=520)]
```

可以看到，函式 get_attached_devices 回傳所有連接在裝置上的 IP，以及它們的 MAC 位址，訊號強度及使用的頻段，還有連接速率。

我們可以使用這些資訊及類似的函式來做諸如加大頻寬、封鎖使用者、或是執行任何其他硬體製造商有暴露出來的 API 接口可以做的事情。

IP 位址管理（IPAM, IP Address Management）

使用 IPAM 資料庫來做 IP 位址管理是很常見的需求，許多廠商都在做這件事情，舉個例子，像是 SolarWinds 的 IPAM 系統，SolarWinds 是用來監控及執行許多網路功能的標準，它也有自己的 API，可以透過 ORION SDK 工具組來操作。

我們可以在 Python 裡頭安裝 `orionsdk` 函式庫，藉此與 SolarWinds 做互動。舉個例子，如果想要從 SolarWinds 的 IPAM 模組中，取得下一個可使用的 IP 位址：

```python
from orionsdk import SwisClient

npm_server = 'mysolarwindsserver'
username = "test"
password = "test"

verify = False
if not verify:
    from requests.packages.urllib3.exceptions import
InsecureRequestWarning
    requests.packages.urllib3.disable_warnings(InsecureRequestWarning)

swis = SwisClient(npm_server, username, password)

print("My IPAM test:")
results=swis.query("SELECT TOP 1 Status, DisplayName FROM IPAM.IPNode
WHERE Status=2")
print (results)

### for a formatted printing
for row in results['results']:
 print("Avaliable: {DisplayName}".format(**row))
```

執行結果如下：

```
Python 3.6.1 Shell
File Edit Shell Debug Options Window Help
Python 3.6.1 (v3.6.1:69c0db5, Mar 21 2017, 17:54:52) [MSC v.1900 32 bit (Intel)] on win32
Type "copyright", "credits" or "license()" for more information.
>>>
================ RESTART: C:/a1/checksolarwindsipam.py ================
My IPAM test:
{'results': [{'Status': 2, 'DisplayName': '10.15.10.2'}]}
Avaliable: 10.15.10.2
>>>
```

如同在程式碼中看到的，我們使用 orionsdk 函式庫，透過 mysolarwindsserver 伺服器來呼叫 SolarWinds 的 API，腳本中需要傳遞使用者名稱及密碼給 SolarWinds，接著做了個簡單的 SQL 查詢：

```
SELECT TOP 1 Status, DisplayName FROM IPAM.IPNode  WHERE Status=2
```

這個查詢可以得出下一個可用的 IP 位址（對 SolarWinds 來說，條件是 Status=2），並且列印出來。第一行是原始輸出，而第二行是我們處理過，使用者比較好懂的輸出格式。

範例及使用情境

以下會介紹一些關於網路工程，以及如何利用 Python 來對它做自動化的範例。此外，也會建立基於網頁的工具，只要透過瀏覽器就能從任何環境或機器來做管理。

建立網頁版的事前及事後驗證工具

在接下來的範例中，我們會看到在建置網路時，如何對網路進行事前以及事後的檢查，這些動作是網路工程師在維護線上環境的網路前後都會做的事情，確保沒有少檢查了某個設定，導致線上網路出現問題。這個檢查除了確認變更設定或例行維護是否順利完成之外，另一個作用就是確保如果檢查出問題的話，可以用最快的速度修復或是將設定回復為初始狀態。

下面的步驟就是建立及執行這個工具的流程。

步驟一：建立主要的 HTML 檔案

我們會在網頁上設計一個表格，讓使用者選擇等等要做的檢查，當指令被執行之後，會先做前置驗證，當維護結束之後，會再繼續做後續驗證步驟。

在前置驗證跟後續驗證中，如果有不一樣的地方，我們會標出來。這些地方就是讓工程師可以依照執行結果的輸出，來決定這個指令是執行成功或是失敗。

HTML 程式碼（prepostcheck.html）如下：

```html
<!DOCTYPE html>

<html xmlns="http://www.w3.org/1999/xhtml">
<head>
     <script>
         function checkme() {
    var a=document.forms["search"]["cmds"].value;
    var b=document.forms["search"]["searchbox"].value;
    var c=document.forms["search"]["prepost"].value;
    var d=document.forms["search"]["changeid"].value;
    if (a==null || a=="")
    {
      alert("Please Fill All Fields");
      return false;
    }
    if (b==null || b=="")
    {
      alert("Please Fill All Fields");
      return false;
    }
    if (c==null || c=="")
    {
      alert("Please Fill All Fields");
      return false;
    }
    if (d==null || d=="")
    {
      alert("Please Fill All Fields");
      return false;
    }
             document.getElementById("mypoint").style.display =
"inline";
         }
</script>
</head>
```

```
<body>
<h2> Pre/Post check selection </h2>
<form name="search" action="checks.py" method="post"
onsubmit="return checkme()">
Host IP: (Multiple IPs seperated by comma)<br><input type="text"
name="searchbox" size='80' required>
<p></p>
Commands (Select):
<br>
<select name="cmds" multiple style="width:200px;height:200px;" required>
  <option value="show version">show version</option>
  <option value="show ip int brief">show ip int brief</option>
  <option value="show interface description">show interface description</
option>
  <option value="show clock">show clock</option>
  <option value="show log">show log (last 100)</option>
  <option value="show run">show run</option>
  <option value="show ip bgp summary">show ip bgp summary</option>
  <option value="show ip route">show ip route</option>
  <option value="show ip route summary">show ip route summary</option>
  <option value="show ip ospf">show ip ospf</option>
  <option value="show interfaces status">show interfaces status</option>
</select>
<p></p>
Mantainence ID: <input type="text" name="changeid" required>
<p></p>
Pre/Post: <br>
<input type="radio" name="prepost" value="pre" checked>
Precheck<br>
<input type="radio" name="prepost" value="post"> Postcheck<br>
<p></p>
<input type="submit" value="Submit">
<br><br><br>
</form>
<p><label id="mypoint" style="display: none;background-color:
yellow;"><b>Please be Patient.... Gathering
results!!!</b></label></p>
</body>
</html>
```

以上的程式碼，可以用來建立我們在初始選項（我們希望做前置驗證或後續檢查的一連串指令）的主畫面。

執行結果如下：

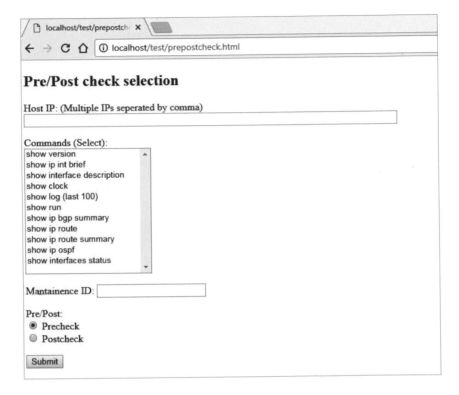

JavaScript 的部分是用來確保 Submit 的按鈕，直到使用者填完表單之前，都不會真正觸發送出的動作。這是由於在填完表單之前送出的資料，對程式來說都是無效的。舉例來說，如果我們想要送出不完整的表單，螢幕畫面會顯示錯誤訊息如下：

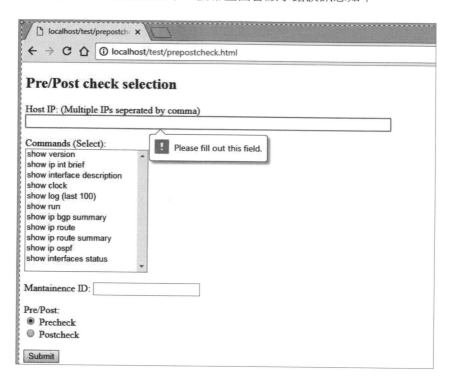

在所有表單都填完之前，點擊 Submit 按鈕都會顯示這個錯誤訊息，而程式也不會執行。我們也可以在程式中看到，按鈕 Submit 是跟 Python 腳本結合在一起，點擊之後會利用 POST 方式觸發 checks.py 這個腳本。換句話說，點擊 Submit 按鈕之後，會把我們的表單內容，利用 POST 方法送到 checks.py 腳本中執行。

步驟二：建立後端的 Python 腳本

現在讓我們看看，要從網頁中接受輸入並執行的 Python 腳本（checks.py），是長什麼樣子：

```
#!/usr/bin/env python
import cgi
import paramiko
import time
```

```
import re
import sys
import os
import requests
import urllib
import datetime
from datetime import datetime
from threading import Thread
from random import randrange

form = cgi.FieldStorage()
searchterm = form.getvalue('searchbox')
cmds = form.getvalue('cmds')
changeid = form.getvalue('changeid')
prepost=form.getvalue('prepost')
searchterm=searchterm.split(",")
xval=""
xval=datetime.now().strftime("%Y-%m-%d_%H_%M_%S")

returns = {}
def getoutput(devip,cmd):
    try:
        output=""
        mpath="C:/iistest/logs/"
        fname=changeid+"_"+devip+"_"+prepost+"_"+xval+".txt"
        fopen=open(mpath+fname,"w")
        remote_conn_pre = paramiko.SSHClient()
remote_conn_pre.set_missing_host_key_policy(paramiko.AutoAddPolicy())
        remote_conn_pre.connect(devip, username='cisco', password='cisco',
look_for_keys=False, allow_agent=False)
        remote_conn = remote_conn_pre.invoke_shell()
        remote_conn.settimeout(60)
        command=cmd
        remote_conn.send(command+"\n")
        time.sleep(15)
        output=(remote_conn.recv(250000)).decode()
        fopen.write(output)
        remote_conn.close()
        fopen.close()
        returns[devip]=("Success: <a href='http://localhost/test/
logs/"+fname+"' target='_blank'>"+fname +"</a> Created")
    except:
        returns[devip]="Error. Unable to fetch details"

try:
    xtmp=""
```

```
        cmdval="terminal length 0\n"
    if (str(cmds).count("show") > 1):
        for cmdvalue in cmds:
            if ("show" in cmdvalue):
                if ("show log" in cmdvalue):
                    cmdvalue="terminal shell\nshow log | tail 100"
                cmdval=cmdval+cmdvalue+"\n\n"
    else:
        if ("show" in cmds):
            if ("show log" in cmds):
                cmds="terminal shell\nshow log | tail 100"
            cmdval=cmdval+cmds+"\n\n"
    threads_imagex= []
    for devip in searchterm:
        devip=devip.strip()
        t = Thread(target=getoutput, args=(devip,cmdval,))
        t.start()
        time.sleep(randrange(1,2,1)/20)
        threads_imagex.append(t)
    for t in threads_imagex:
        t.join()
    print("Content-type: text/html")
    print()
    xval=""
    for key in returns:
        print ("<b>"+key+"</b>:"+returns[key]+"<br>")
    print ("<br>Next step: <a href='http://localhost/test/selectfiles.
aspx'> Click here to compare files </a>")
    print ("<br>Next step: <a href='http://localhost/test/prepostcheck.
html'> Click here to perform pre/post check </a>")

except:
    print("Content-type: text/html")
    print()
    print("Error fetching details. Need manual validation")
    print ("<br>Next step: <a href='http://localhost/test/selectfiles.
aspx'> Click here to compare files </a>")
    print ("<br>Next step: <a href='http://localhost/test/prepostcheck.
html'> Click here to perform pre/post check </a>")
```

以上的程式碼是利用 CGI 參數從網頁取得輸入的資料，實際解析資料匯入變數的部分，是由以下的程式片段負責：

```
form = cgi.FieldStorage()
searchterm = form.getvalue('searchbox')
cmds = form.getvalue('cmds')
changeid = form.getvalue('changeid')
prepost=form.getvalue('prepost')
```

一旦我們拿到值之後，就可以開始利用 paramiko 函式庫來登入所指定的裝置，取得指定指令的輸出，並且將輸出存在 logs 資料夾下的檔案。以下是我們如何建構檔案名稱的部分：

```
#xval=datetime.now().strftime("%Y-%m-%d_%H_%M_%S")
#and
#fname=changeid+"_"+devip+"_"+prepost+"_"+xval+".txt"
```

變數 fname 是我們之後所要輸出的檔名，而這個檔名會藉由維護識別碼、裝置 IP 位址、前置或後續驗證狀態，以及時間資訊來決定檔案名稱。這樣就可以確保我們可以從檔名知道，這個檔案是前置或是後續驗證，以及檔案建立的時間，用來結合前置及後續驗證的資訊。

函式 getoutput() 會被一個執行緒所呼叫（在多執行緒的函式呼叫當中），以取得輸出，並將輸出儲存在新建立的檔案之中。由於我們一次想要對多個裝置做前置或是後續的檢查，我們會使用多執行緒的程序，這樣我們就可以從網頁當中，提供利用逗號分隔的 IP 位址列表，而 Python 腳本就可以平行的到所有裝置上執行指令，並且基於裝置名稱來產生前置或後續檢查的檔案。

讓我們建立一個前置驗證檔案來作為例子，我們在表單中填入一些值，並點擊 Submit
按鈕：

 在收集資料的過程當中，會顯示黃色的訊息，讓使用者知道腳本正在
執行指定的作業。

當作業完成之後，我們會看到如下圖的畫面（也就是 Python 腳本的回傳值）：

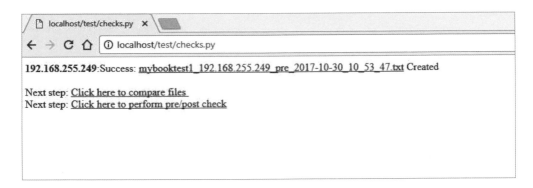

從圖中可以看到，腳本執行完後，回傳 Success，代表成功的從裝置取得我們希望驗證的指令輸出結果，而檔名是基於我們在主頁面填入的值動態產生的。

接下來我們可以點擊 .txt 檔名的超連結，開啟它來驗證是否真的取得我們所期望的指令輸出資料，點擊後畫面如下：

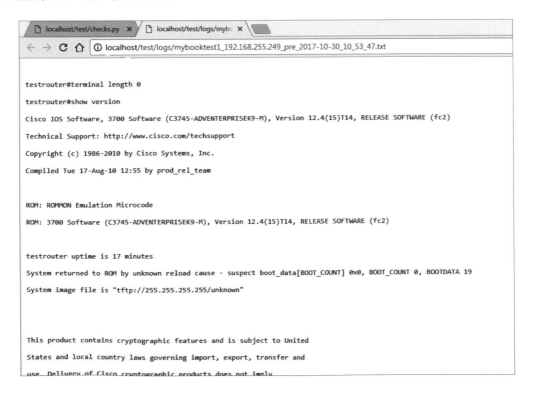

現在讓我們用一樣的步驟，來建立後續驗證的檔案。

讓我們回到主頁面，並且維持所有值跟之前一樣，只要將按鈕由前置驗證（Precheck）
修改為後續驗證（Postcheck）即可。務必確保其餘的值要跟之前一樣，因為我們要比
對的是維護前後的結果是否有差異：

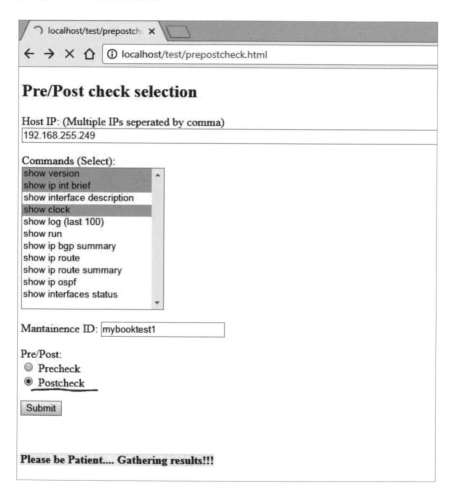

相同的，在後續驗證完成之後，腳本也會產生後續驗證的檔案，如下圖：

注意檔案名字以及時間，可以看到檔名中間的 pre 字樣現在已經改為 post 字樣。

步驟三：用以上工具建立網頁伺服器

現在我們有了前置及後續驗證的檔案，讓我們建立一個 web 框架對這兩個檔案做檢查。我們建立的頁面需要可以存取到前置及後續驗證的檔案，這樣才能利用這兩個檔案來做比對。因為沒辦法透過 HTML 或是瀏覽器語言來取得任何的檔案資訊，所以我們需要利用後端網頁語言代替我們執行這項工作。我們可以利用 ASP 以及 VB.NET 建立這個網頁，來顯示已經建立好的紀錄檔並比較兩邊的差異。

我們建立後端程式碼，名為 selectfiles.aspx，用來從我們紀錄檔案的目錄取得需要的檔案，並顯示在瀏覽器當中：

```
<%@ Page Language="VB" AutoEventWireup="false"
CodeFile="selectfiles.aspx.vb" Inherits="selectfiles" %>

<!DOCTYPE html>

<html xmlns="http://www.w3.org/1999/xhtml">
<head runat="server">
    <title></title>
</head>
<body>
    <form id="form1" method="post" action="comparefiles.aspx" >
    <div>
    <%response.write(xmystring.tostring())%>
    </div>
        <input type="submit" value="Submit">
    </form>
  <br><br><br>
</body>
</html>
```

後端需要執行的 **VB.NET** 程式碼如下，用來填入前面的 `.aspx` 網頁上的值，檔名為 `selectfiles.aspx.vb`：

```vbnet
Imports System.IO
Partial Class selectfiles
    Inherits System.Web.UI.Page
    Public xmystring As New StringBuilder()
  Public tableval As New Hashtable
    Protected Sub Page_Load(sender As Object, e As EventArgs) Handles
Me.Load
        Dim precheck As New List(Of String)
        Dim postcheck As New List(Of String)
        Dim prename = New SortedList
        Dim postname = New SortedList
        Dim infoReader As System.IO.FileInfo
    Dim rval as Integer
    rval=0
        xmystring.Clear()
        Dim xval As String
    Dim di As New DirectoryInfo("C:\iistest\logs\")
    Dim lFiles As FileInfo() = di.GetFiles("*.txt")
    Dim fi As System.IO.FileSystemInfo
    Dim files() As String = IO.Directory.GetFiles("C:\iistest\logs\",
"*.txt", SearchOption.TopDirectoryOnly)
    xmystring.Append("<head><style type='text/css'>a:hover{background:blue
;color:yellow;}</style></head>")
        xmystring.Append("<fieldset style='float: left;width: 49%;display:
inline-block;box-sizing: border-box;'>")
        xmystring.Append("<legend>Pre check files (Sorted by Last Modified
Date)</legend>")

        For Each fi In lFiles
    rval=rval+1
    tableval.add(fi.LastWriteTime.ToString()+rval.tostring(),fi.Name)
        'infoReader = My.Computer.FileSystem.GetFileInfo(file)
        If (fi.Name.Contains("pre")) Then
            precheck.Add(fi.LastWriteTime.ToString()+rval.tostring())
        Else
            postcheck.Add(fi.LastWriteTime.ToString()+rval.tostring())
        End If
    Next
    precheck.Sort()
    postcheck.Sort()

    xval = ""
    Dim prekey As ICollection = prename.Keys
```

```
        Dim postkey As ICollection = postname.Keys
        Dim dev As String
    Dim fnameval as String
        For Each dev In precheck
            infoReader = My.Computer.FileSystem.GetFileInfo(tableval(dev))
fnameval="http://localhost/test/logs/"+Path.GetFileName(tableval(dev))
            xval = "<input type = 'radio' name='prechecklist'
value='C:\iistest\logs\" + tableval(dev) + "' required><a href='" &
fnameval & "' target='blank'>" & tableval(dev) & "</a> ( <b>" &
dev.Substring(0,dev.LastIndexOf("M")).Trim() + "M</b>)<br>"
        xmystring.Append(xval)
        Next
    xmystring.Append("</fieldset>")
        xmystring.Append("<fieldset style='float: right;width:
49%;display: inline-block;box-sizing: border-box;'>")
        xmystring.Append("<legend>Post check files (Sorted by Last
Modified Date)</legend>")
            For Each dev In postcheck
        fnameval="http://localhost/test/logs/"+tableval(dev)
            xval = "<input type = 'radio' name='postchecklist'
value='C:\iistest\logs\" + tableval(dev) + "' required><a href='" &
fnameval & "' target='blank'>" & tableval(dev) & "</a> ( <b>" &
dev.Substring(0,dev.LastIndexOf("M")).Trim() + "M</b>)<br>"
            xmystring.Append(xval)
        Next
        xmystring.Append("</fieldset>")

    End Sub
End Class
```

這段程式碼是用來取得在 log 目錄中的檔案名稱，並且基於檔案名稱，區分為前置驗證及後續驗證兩群檔案。同時，檔案也依照時間排序，方便用來比對執行結果使用。

程式的輸出如下：

步驟四：建立比對前置驗證及後續驗證檔案的網頁

最後一步是建立一個網頁，用來比對前面步驟所選擇的檔案，並且提供網頁介面給使用者以方便比對。為了比對的需求，我們使用了一個叫做 diffview 的 JScript 函式庫。為了之後可以使用，請先從 https://github.com/cemerick/jsdifflib 下載 diffview.js、difflib.js 與 diffview.css 這三個檔案，並複製到我們的網頁伺服器目錄。下載完畢之後，如同之前存取檔案的方式，建立另一個 .aspx 頁面來取得選擇的兩個檔案，並顯示出來做比對。

用來比對的頁面程式碼 comparefiles.aspx 如下：

```
<%@ Page Language="VB" AutoEventWireup="false"
CodeFile="comparefiles.aspx.vb" Inherits="comparefiles" %>

<!DOCTYPE html>

<html xmlns="http://www.w3.org/1999/xhtml">
<head>
  <meta charset="utf-8"/>
  <meta http-equiv="X-UA-Compatible" content="IE=Edge,chrome=1"/>
  <link rel="stylesheet" type="text/css" href="diffview.css"/>
  <script type="text/javascript" src="diffview.js"></script>
  <script type="text/javascript" src="difflib.js"></script>
<style type="text/css">
body {
  font-size: 12px;
  font-family: Sans-Serif;
}
h2 {
  margin: 0.5em 0 0.1em;
  text-align: center;
}
.top {
  text-align: center;
}
.textInput {
  display: block;
  width: 49%;
  float: left;
}
textarea {
  width:100%;
  height:300px;
}
```

```
label:hover {
  text-decoration: underline;
  cursor: pointer;
}
.spacer {
  margin-left: 10px;
}
.viewType {
  font-size: 16px;
  clear: both;
  text-align: center;
  padding: 1em;
}
#diffoutput {
  width: 100%;
}
</style>

<script type="text/javascript">

function diffUsingJS(viewType) {
  "use strict";
  var byId = function (id) { return document.getElementById(id); },
    base = difflib.stringAsLines(byId("baseText").value),
    newtxt = difflib.stringAsLines(byId("newText").value),
    sm = new difflib.SequenceMatcher(base, newtxt),
    opcodes = sm.get_opcodes(),
    diffoutputdiv = byId("diffoutput"),
    contextSize = byId("contextSize").value;

  diffoutputdiv.innerHTML = "";
  contextSize = contextSize || null;

  diffoutputdiv.appendChild(diffview.buildView({
    baseTextLines: base,
    newTextLines: newtxt,
    opcodes: opcodes,
    baseTextName: "Base Text",
    newTextName: "New Text",
    contextSize: contextSize,
    viewType: viewType
  }));
}

</script>
</head>
<body>
```

```
    <div class="top">
      <strong>Context size (optional):</strong> <input type="text"
  id="contextSize" value="" />
    </div>
    <div class="textInput">
      <h2>Pre check</h2>
      <textarea id="baseText" runat="server" readonly></textarea>
    </div>
    <div class="textInput spacer">
      <h2>Post check</h2>
      <textarea id="newText" runat="server" readonly></textarea>
    </div>
      <% Response.Write(xmystring.ToString()) %>
    <div class="viewType">
      <input type="radio" name="_viewtype" id="sidebyside"
  onclick="diffUsingJS(0);" /> <label for="sidebyside">Side by Side
  Diff</label>
         
      <input type="radio" name="_viewtype" id="inline"
  onclick="diffUsingJS(1);" /> <label for="inline">Inline Diff</label>
    </div>
    <div id="diffoutput"> </div>

  </body>
  </html>
```

對應這頁，用來取得檔案內容的後端程式碼（comparefiles.aspx.vb）如下：

```
Imports System.IO

Partial Class comparefiles
    Inherits System.Web.UI.Page
    Public xmystring As New StringBuilder()

    Protected Sub Page_Load(sender As Object, e As EventArgs) Handles
Me.Load
        Dim fp As StreamReader
        Dim precheck As New List(Of String)
        Dim postcheck As New List(Of String)
        xmystring.Clear()
        Dim prefile As String
        Dim postfile As String
        prefile = Request.Form("prechecklist")
        postfile = Request.Form("postchecklist")
        fp = File.OpenText(prefile)
        baseText.InnerText = fp.ReadToEnd()
```

```
fp = File.OpenText(postfile)
newText.InnerText = fp.ReadToEnd()
fp.Close()

End Sub

End Class
```

當以上都準備好之後，可以開始比對檔案，看看比對的結果如何。首先選擇前置及後續驗證的檔案，並點擊 Submit 按鈕：

下一頁就會顯示出檔案內容，以及比對的窗格：

如同我們在上圖中看到的，左邊的部分是前置驗證檔，而右邊的部分就是後續驗證檔。我們可以在視窗的同一頁看到這兩個檔案，而下面的窗格顯示了兩個檔案的比對結果不同的地方，而這邊可以點擊切換要利用雙欄比對或是單欄比對。

在比對結果的部分，有不同的地方會利用不同顏色標示出來，在這個範例中，不同的是已開機時間。而其他地方顏色都一樣，沒有不同，代表工程師可以大膽的假架設其他狀態都一樣。

讓我們用同一個範例，可是這次切換為單欄比對：

我們可以看到同樣的結果，不同的行數會利用不同顏色標示出來，用來檢查前置驗證及後續驗證的不同之處。現在工程師可以很輕鬆地利用這個頁面來分析整個紀錄檔，看看是否有不同顏色的地方，也就是針對在前置驗證及後續驗證有差異的部分來做檢查，利用檢查結果來決定這次的維護是成功或是失敗。

結語

本章看了好幾個日常會用到的網路情境，也利用範例，讓我們對無線存取點以及 IP 電話所需要的操作有更深的認識，同時也了解如何利用 Python 腳本和 SolarWinds 的 API 運作，取得 IPAM 的資料。

我們同時也用了真實世界的範例，透過建立前置驗證及後續驗證的工具，來幫助網路工程師在維護期間可以驗證所做的決定，並將這套工具移植到網頁介面，這樣我們就可以從任何地方來使用這套工具，不需要在使用的電腦上都安裝一套 Python，降低使用上的負擔。

最後，我們會在下一章說明 SDN 的相關概念，以及如何將 SDN 運用在自動化的一些情境。

有關網路自動化
的 SDN 概念

從 第一章到現在，我們已經看了許多有關如何在真實環境中使用網路自動化的場景，不管是日常或週期性工作的部分，都可以透過一個控制器的架構來完成網路自動化。基於前面學到的概念，我們能夠進一步的把前面所學的跟**軟體定義網路（SDN）**結合，並且看一些在雲端平台上的範例。

本章涵蓋以下主題：

- 雲端平台自動化
- 網路自動化工具
- 控制器所控制的網路結構
- 網路裝置的程式化

管理雲端平台

我們可以利用 Python 以及網路自動化工具來跟許多雲端供應商做結合，像是使用雲端虛擬機、建立雲端虛擬機、控制存取權限（如存取控制列表 ACL）、建立網路連線（如 VPN）、設定虛擬機的網路配置等等，藉由利用 Python 使用各雲端供應商的 API，幾乎可以達成所有事情。接下來，會以**亞馬遜雲端服務（AWS）**作為範例來介紹基本的設定。

AWS 透過自己的 Boto 3 SDK 供使用者呼叫它的 API。Boto 3 提供了兩種 API 類型，一個是低階的 API，用來直接跟 AWS 的服務做互動，另一種高階的 API 對使用者而言比較友善好懂，用來快速的跟 AWS 做互動。除了 Boto 3 之外，還需要用到 AWS CLI 作為**命令列介面（CLI）**在本機上與 AWS 做互動，這個 CLI 工具，作用類似 Windows 系統中的 DOS 命令提示列。

不論是 AWS CLI 或是 Boto 3 的安裝都需要使用到 pip：

- 使用以下指令安裝 AWS CLI：

    pip install awscli

- 使用以下指令安裝 Boto 3：

    pip install boto3

安裝完畢之後，就可以使用這兩個套件了。不過我們還需要設定存取金鑰，才有辦法知道可以設定或存取到哪一部分的資源（在之後建立存取金鑰的時候會做設定）。

讓我們快速地建立一把存取金鑰給本機上的 Python 使用：

1. 登入 AWS 控制台之後，選擇 **IAM**：

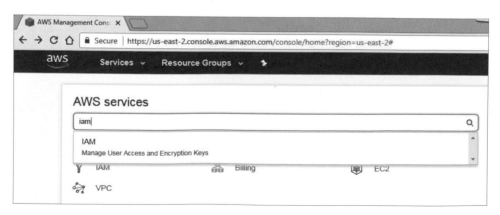

2. 點擊 **Add user** 來建立使用者名稱以及密碼，如下圖：

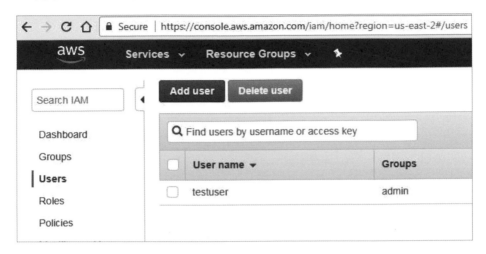

3. 輸入使用者名稱，確認勾選了 **Programmatic access** 以取得存取金鑰以及秘密金鑰，之後在 Python 中會使用到：

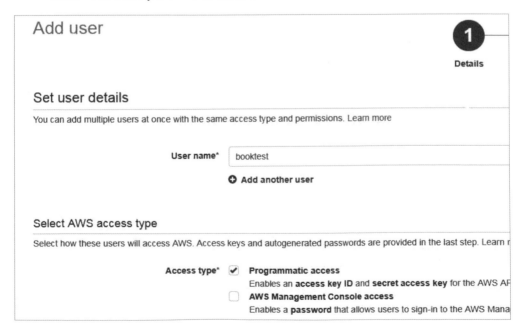

4. 在這裡可以將使用者加入群組中（用來限制權限大小），本例將使用者加入
　 admin 群組，擁有所有 AWS 的控制權限：

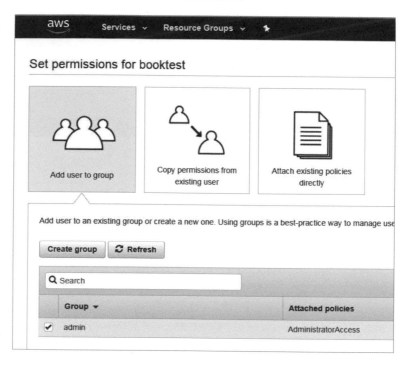

5. 如果上述步驟都做對的話，這時會建立我們前面設定的使用者名稱（範例中是
　 booktest），並且顯示出存取金鑰以及秘密金鑰：

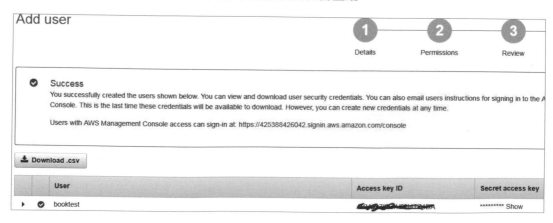

6. 取得金鑰後，即可回到命令提示字元呼叫 AWS CLI 指令 aws configure 來設定環境：

7. 接著就在程式要求輸入時，填入剛剛在網頁上所取得的存取金鑰以及秘密金鑰，最後在預設輸出格式的部分，可以選擇 text 或 json 格式。由於之後要使用 Python 做自動化，所以這邊會選擇 json 格式。

設定完成之後，就可以開始利用 Python 呼叫 Boto 3 API 來測試我們的腳本。

這個範例是用來取得目前在我們的帳號下，所有正在執行的虛擬機器：

```
import boto3
ec2 = boto3.resource('ec2')
for instance in ec2.instances.all():
    print (instance)
    print (instance.id, instance.state)
```

由於前面已經設定好連線會用到的金鑰，這裡就不需要另外在腳本中填入其他金鑰。

範例的執行結果如下：

```
Python 3.6.1 Shell

File  Edit  Shell  Debug  Options  Window  Help

Python 3.6.1 (v3.6.1:69c0db5, Mar 21 2017, 17:54:52) [MSC v.190
 on win32
Type "copyright", "credits" or "license()" for more information
>>>
======================= RESTART: C:\a1\checkaws.py ==========
ec2.Instance(id='i-036213d00a2891480')
i-036213d00a2891480 {'Code': 16, 'Name': 'running'}
ec2.Instance(id='i-04e997e0366f01090')
i-04e997e0366f01090 {'Code': 16, 'Name': 'running'}
>>>
```

如同圖中所看到的，腳本傳回了正在 EC2 執行的兩個虛擬機器 ID，我們也取得了其他有關這些機器的資訊。在某些條件下，我們可能不希望使用目前環境的金鑰，此時可以在腳本中指定變數，傳入其他金鑰到 Boto 3 之中：

```python
import boto3

aws_access_key_id = 'accesskey'
aws_secret_access_key = 'secretaccesskey'
region_name = 'us-east-2'

ec2 = boto3.client('ec2',aws_access_key_id=aws_access_key_id,aws_secret_
access_key=aws_secret_access_key,region_name=region_name)
```

接下來這個範例，是用來取得每個虛擬機器的私有 IP 位址以及虛擬機器 ID：

```python
import boto3

ec2 = boto3.client('ec2')
response = ec2.describe_instances()
for item in response['Reservations']:
    for eachinstance in item['Instances']:
        print (eachinstance['InstanceId'],eachinstance['PrivateIpAddre
ss'])
```

執行結果如下：

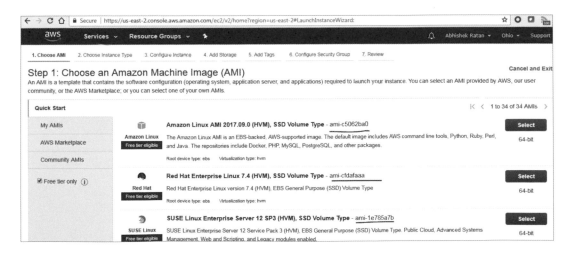

我們也可以在自己的帳號使用 Boto 3 API，開啟一個新的虛擬機器。接下來，是一個使用 Boto 3 啟動 AWS 上面之 **EC2 虛擬機器**的範例。

在利用 Python 來啟動新的虛擬機器之前，我們必須決定要使用哪一個映像檔（**Amazon Machine Image, AMI**）來啟動虛擬機器。要知道 AMI 映像檔的編號，需要從 AWS 的網頁主控台做以下操作：

找到我們要用的 AMI 映像檔編號之後，就可以使用 Python 來啟動新的虛擬機器了：

```
import boto3
ec2 = boto3.resource('ec2')
ec2.create_instances(ImageId='amid-imageid', MinCount=1, MaxCount=5)
```

這個腳本會執行一陣子，執行完畢，螢幕會輸出跟新增的虛擬機器有關的許多參數，包含剛剛使用的 AMI 編號。我們可以透過 Boto 3 用相同的方式，啟動更多種的虛擬機器或是調整防火牆設定，讓雲端自動化更加完整。

可程式化網路裝置

在前面的範例中，都是用固定數量的硬體或網路設備，提供使用者服務。而使用者也只能用有限的連線選項，來連線有限集合的網路裝置或是資源。當使用者的數量開始增加之後，最簡單的策略就是增加硬體設備或網路裝置。但是，隨著像是使用者的行動電話等裝置數量激增，並且需要保持高流量以及高可用性，加上連線數量越來越多，先前的策略也就開始不敷使用。

在這種狀況下，即使是單純的網路裝置故障或是纜線故障，都會影響到一群使用者，造成他們無法使用網路，以及降低他們的可工作時間和對網路的信任。假設你的**網路服務**經常發生問題，而且每次都會影響到一大群包含商用以及家用的客戶，萬一有家新的 ISP 進入這個市場，並且保證他們的網路有更高的可靠度，原本的客戶可能就會馬上轉移到新的 ISP。這也可能導致你的早期用戶，由於你的可靠度以及可信度降低開始離開，而影響到利潤甚至導致公司關閉。

為了阻止這種狀況發生，有種方法是利用同樣的硬體架構平台，來提供不同的網路裝置或是硬體的不同功能。這可以藉由結合 SDN 以及**可程式化網路**（programmable networks, PN）來達成這樣的需求。

SDN 關注在控制層的設定，像是自動把資料導向到最佳路徑上，假設我們的資料來源要從 A 點傳遞到 D 點，此時的最佳路徑是 A -> C -> D。

如果在傳統的網路上，除非 C 點不見或是被關閉，否則流量一定會依照上面的路線走，但是在 SDN 的情況下，如果偵測到路徑上有狀況，像是封包遺失或是路徑壅塞，SDN 會做出更聰明的決定，像是把流量導向到 B 點，像是 A -> B -> D 這樣。

從這個例子中可以看到，即使節點 C 都沒有任何狀況發生，SDN 依然會以對使用者最有效率的方式，為資料流選擇出最佳的路徑。

可程式化網路（programmable networks, PN）是一群網路裝置的集合，讓這些網路裝置可以根據不同的需求，表現出不同的功能。想像你的交換器可以藉由修改運行的程式碼，運作成路由器，可程式化網路就是類似的概念。假設突然有一群新的使用者加入到網路之中，我們需要更多的交換器來提供使用者的需求，這時候我們只需要修改功能，把原本的路由器轉換成為交換器的角色就行了。這樣做有兩個優點：

- 可以依照需求，重複使用現有的硬體裝置，而不需要再加入其他裝置到網路當中，增加網路的複雜度。

- 利用現有的硬體裝置，增加運行在上面的網路流量的安全性，藉由在網路裝置中引入存取控制表（ACL）來控制資料流，或確保某一台網路裝置，專門用來處理某種類型的網路流量，而其他的網路裝置處理剩下的其他類型。假設影音串流的流量可以藉由另一組網路裝置處理，這樣就可以提升這部分的網路效能，讓使用者得到最好的體驗，而我們不用做額外的花費來處理這方面的需求。

可程式化網路的主要元素，是利用網路裝置供應商，像是 Cisco、Arista、Juniper 所提供的 API 來達成。藉由呼叫這些 API，我們可以確保來自不同網路裝置供應商的裝置，可以用統一的格式跟彼此交換資料，以及利用同樣的 API 使網路裝置切換不同的角色。舉例來說，像是現在市場上的 Cisco Nexus 9000 系列裝置，在不同的型號上，它有固定的或是模組化的交換器，而藉由使用 OpenFlow 這個協定，就可以把這個裝置轉變為可程式化網路的一部份，依據我們的需求，動態改變它的功能。

以上面所說的交換器為例，這個裝置也暴露出**特殊應用積體電路（application-specific integrated circuit, ASIC）**層級的程式接口，讓我們在編寫程式時，可以利用到這個 ASIC 晶片的功能。加上了 SDN 之後，控制器就可以藉由 OpenFlow 以及 API 接口，來控制這些交換器的角色狀態。

Cisco 同時在多種裝置上（主要是 Nexus 平台）支援了**開機時部署**（**Power on Auto Provisioning, PoAP**）的功能，用來達成自動部署，以及新裝置啟動後的試運行。運作 PoAP 的基本流程是，如果 Nexus 裝置在啟動時開啟了 PoAP 功能，而且也找不到啟動設定檔，這時候裝置就會利用 **DHCP** 來設定 IP 位址以及 DNS 資訊。在抓取這些資訊的同時，它也會嘗試取得可以在裝置上執行的自動設定腳本，腳本內包含了如何下載並安裝相關的映像檔到裝置上的步驟。

有了這類的功能之後，我們就可以在一、兩分鐘之內，將新裝置啟動連接到網路上，並利用 DHCP 的功能來設定裝置的相關資訊，快速的啟動像是路由器，而不需要任何的人為介入設定。相對於以往要花費數小時的時間來設定路由器，降低了不少時間。

相同的，利用像是 Nexus 底層在使用的 **NX-API** 的這種 API 接口，讓我們對資料流及監控有更好的可視性，並且可以藉由撰寫簡單的腳本來呼叫 API，基於回傳值來控制資料流的路徑。

舉另一個例子，假如我們有 Arista 的網路裝置。Arista 引入了 Arista **可拓展作業系統**（**Extensible Operating System, EOS**），這是個高度模組化的 Linux-based 網路系統。使用 Arista EOS 來管理多個裝置，使管理變得很簡單，藉由它提供的延伸 API，我們可以呼叫這個 API 來部署多個裝置。Arista 也引入了智慧升級系統（**Smart System Upgrade, SSU**），確保在 Arista 裝置上升級系統時可以重新啟動服務，而不需要重新啟動整個系統，來最小化升級時對網路的影響。這個功能也提升了我們在對多個資料中心，或是多個裝置進行系統升級或修補時的網路可靠性。

Arista EOS 提供了另一組叫做 **eAPI** 的 API，提供管理裝置額外的功能。eAPI 可以在 Arista 裝置上使用 eAPI 框架來被其他腳本或程式語言所呼叫。以下是一個利用 eAPI 來管理 Arista 交換器的基本範例。

首先，要在 Arista 交換器上設定 eAPI：

```
Arista> enable
Arista# configure terminal
Arista(config)# management api http-commands
Arista(config-mgmt-api-http-cmds)# no shutdown
Arista(config-mgmt-api-http-cmds)# protocol http
Arista(config-mgmt-api-http-cmds)#end
```

上面的指令用來在 Arista 裝置上啟動 eAPI 的功能，讓我們可以利用 HTTP 協定來與 API 做溝通。我們也可以切換協定，改為利用 HTTPS 提供 eAPI 服務。

可以利用指令 show management api http-commands，來驗證設定是否正確，像是這樣：

```
Arista# show management api http-commands
Enabled: Yes
HTTPS server: shutdown, set to use port 443
HTTP server: running, set to use port 80
```

可以用瀏覽器來確認 eAPI 框架是否可以存取，在網址列輸入 http://< 裝置的 IP 位址 >。

瀏覽器應該會顯示如下的畫面（這裡我們用 HTTPS 來取代 HTTP）：

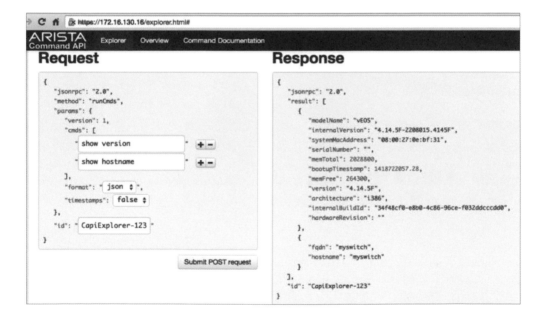

我們傳了幾個指令過去（show version 以及 show hostname），而 API 確認執行之後傳回執行結果。旁邊的**指令回傳說明文件**（**Command Response Documentation**）頁籤，顯示出可用的所有 API：

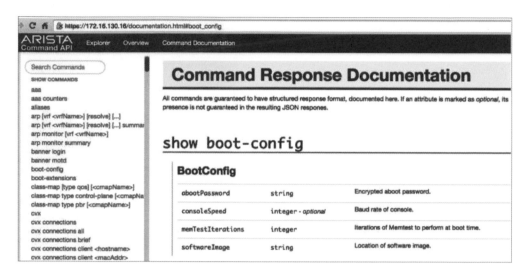

現在用 Python 來執行同樣的事情：

我們需要先安裝好 jsonrpclib 函式庫，可自以下網址取得：

https://pypi.python.org/pypi/jsonrpclib

這個函式庫用來解析 JSON 格式的**遠端程式呼叫**（**remote procedure call, RPC**）。安裝完後，執行下面這段程式，結果會跟我們在瀏覽器中看到的一樣：

```
from jsonrpclib import Server
switch = Server( "https://admin:admin@172.16.130.16/command-api" )
response = switch.runCmds( 1, [ "show hostname" ] )
print ("Hello, my name is: ", response[0][ "hostname" ] )
response = switch.runCmds( 1, [ "show version" ] )
print ("My MAC address is: ", response[0][ "systemMacAddress" ] )
print ("My version is: ", response[0][ "version" ])
```

程式執行之後，會得到下面的回應：

```
Hello, my name is: Arista
My MAC address is: 08:00:27:0e:bf:31
My version is: 4.14.5F
```

我們也可以使用 Arista 開發的另一套函式庫 `pyeapi` 取代 `jsonrpclib`，這套函式庫可以在下列網址找到，其實它就是 Arista EOS eAPI 的 Python 版本。

`https://pypi.python.org/pypi/pyeapi`

現在，讓我們利用 `pyeapi` 來做跟上面一樣的功能。

以下是我們從開發者頁面找到，如何利用 `pyeapi` 來跟 Arista 的 API 互動的範例：

```
>>> from pprint import pprint as pp
>>> node = pyeapi.connect(transport='https', host='veos03',
username='eapi', password='secret', return_node=True)
>>> pp(node.enable('show version'))
[{'command': 'show version',
  'encoding': 'json',
  'result': {u'architecture': u'i386',
             u'bootupTimestamp': 1421765066.11,
             u'hardwareRevision': u'',
             u'internalBuildId': u'f590eed4-1e66-43c6-8943-cee0390fbafe',
             u'internalVersion': u'4.14.5F-2209869.4145F',
             u'memFree': 115496,
             u'memTotal': 2028008,
             u'modelName': u'vEOS',
             u'serialNumber': u'',
             u'systemMacAddress': u'00:0c:29:f5:d2:7d',
             u'version': u'4.14.5F'}}]
```

現在我們看過了 Cisco 以及 Arista（這是目前在雲端及 SDN 市場的主要廠商）的範例。我們可以結合 Arista eAPI 以及 Cisco NX-API 來管理整個資料中心，並且在最小的影響下，利用這兩個 API 來部署新裝置，或是升級現有的裝置，在商業應用上，這也提供了更好的延展性、可靠性以及更長的可用時間。

基於控制器的 Network Fabric

現在我們慢慢的走出了傳統硬體的時代，在傳統的時代，資料流從一個點流到另一個點的路徑是被設計好的有限集合，而在 SDN 的時代，我們利用嶄新的 network fabric 使資料流在這結構中有更多不同的路徑可以到達。

network fabric 是不同網路裝置的集合，藉由控制器來互相連接，來確保每個在其中的裝置在傳送流量的時候是透過最佳化的路徑來傳送。底下是 switch fabric，是在最底層提供網路埠的物理交換機（像是乙太網路、ATM 以及 DSL），同樣是被可程式化的控制器所控制的裝置，確保特定型態的資料流可以在 switch fabric 上被傳送到該去的目的地。

在傳統的網路設計上，我們有第二層的交換網域以及第三層的路由網域，如果我們沒有中央控制器的話，每個網路裝置學習到的只有跟它相連接的網路裝置，像是第二層的**生成樹協定**（Spanning Tree Protocol, STP）或是第三層的 OSPF 路由協定。在這種情況下，每個裝置就是自己的控制器，並且只知道跟它直接連接的網路裝置（也稱作**鄰近裝置**），這樣就不會有一個關於全部網路和全部裝置的全域觀點，而且各個裝置有自己的控制器，對鄰近節點來說可能就會有單點失效的問題。這時候任何一個裝置的失效，都會造成連接其上的其他網路裝置需要重新收斂，甚至是被隔離成孤島狀態。

對比於有中央控制器的環境，理論上每個裝置可以有的連接數，跟它所擁有的網路埠數量相同，也就是，如果我們在有中央控制器的環境下，有三個網路裝置的話，我們可以在這三個網路裝置連接多條實體連線。在網路裝置失效的狀況，控制器會快速的依照其餘裝置的狀態，決定之後資料流的路徑，確保對目前網路的影響降到最低，盡量維持同樣的輸出以及分配網路流量到其餘的實體連線上。理論上，這時候的控制權已經不在各個裝置上，是由中央控制器所負責，就可以確保其他裝置都由中央控制器，接收到最新的轉發表（forwarding table）（傳送資料到特定的目的地的路徑）。這是因為中央控制器知道所有裝置的狀態，包含每個裝置的進入點和出口點，知道各種資料流該在網路中怎麼運行。

在網路供應商的支持之下，主要的供應商像是 Cisco（有開放網路環境）、Juniper（有自己的 QFabric 交換器）、Avaya（有自己的 VENA 交換器），都提供了可以作為中央控制器，或是作為被管理節點的裝置。更進一步來說，引入了中央控制器之後，每個網路裝置就可以單純的作為轉送封包的裝置，而讓中央控制器藉由學習轉發表的過程，能做出更聰明的決定。

控制器的作用在於，當你的網路同時有多個供應商的網路裝置時，作為一個抽象層，統一各個裝置的行為。使用者可以設定需要執行的任務，透過控制器來執行，而控制器將會把所需要執行的工作，在不同的網路裝置執行時，利用各個廠商的底層 API 來做操作。這個控制器也稱作 **APIC（應用程序策略基礎架構控制器）**，負責控制每個網路裝置。

讓我們看個有關 Cisco APIC 的基礎範例，以及了解我們可以如何使用它。Cisco APIC 是用來管理、自動化、監控、程式化 Cisco **ACI（應用程式中心基礎架構）**所使用的。ACI 代表的是一群使用這個網路的租戶，而一個租戶可以根據不同的業務，分類為一組特定客戶、一個組織、或是以公司業務單位來區分。舉個例子，一個組織可能希望把整個公司內的單位作為一個租戶，而其他組織有可能希望依照不同的業務單位，像是人資或是財務等等的來區分租戶。租戶還可以繼續細分為群組（context），每個群組可以有各自的轉送規則，而不同每個群組可以擁有相同的 IP 位址，因為它們有各自的轉送規則，不會因此衝突。

群組（context）裡面包含了**端點（Endpoints）**與**端點組（Endpoint Groups）**。端點是實際的硬體元件，像是網路卡，而端點組是一群像是 DNS、IP 位址等等的集合，用來為特定的應用程序執行功能。

如果要使用 APIC 來程式化網路，需要用到兩個主要元件：

- **APIC Rest Python Adaptor（ARYA）**

  這個工具是用來把 XML 或是 JSON 格式的 APIC 元件轉換為 Python 程式碼所使用的。而 ARYA 的底層使用了 COBRA SDK 來做這件事情，可以利用指令 `pip install arya` 來進行安裝。

- **ACI SDK**

  這個 SDK 包含了用來直接呼叫控制器的 API，為了讓我們可以直接從 Python 中呼叫到 Cisco 的裝置，我們可以在以下網址找到並安裝 `acicobra`。`https://www.cisco.com/c/en/us/td/docs/switches/datacenter/aci/apic/sw/1-x/api/python/install/b_Install_Cisco_APIC_Python_SDK_Standalone.html`

安裝完畢之後，可以在下列網址找到 Cisco 提供的範例，了解如何建立元件：

https://github.com/CiscoDevNet/python_code_samples_network/blob/
master/acitoolkit_show_tenants/aci-show-tenants.py

```python
#!/usr/bin/env python
"""
Simple application that logs on to the APIC and displays all
of the Tenants.
Leverages the DevNet Sandbox - APIC Simulator Always On
    Information at
https://developer.cisco.com/site/devnet/sandbox/available-labs/data-center/
index.gsp
Code sample based off the ACI-Toolkit Code sample
https://github.com/datacenter/acitoolkit/blob/master/samples/aci-show-
tenants.py
"""

import sys
import acitoolkit.acitoolkit as ACI

# Credentials and information for the DevNet ACI Simulator Always-On
Sandbox
APIC_URL = "https://sandboxapicdc.cisco.com/"
APIC_USER = "admin"
APIC_PASSWORD = "C1sco12345"

def main():
    """
    Main execution routine
    :return: None
    """

    # Login to APIC
    session = ACI.Session(APIC_URL, APIC_USER, APIC_PASSWORD)
    resp = session.login()
    if not resp.ok:
        print('%% Could not login to APIC')
        sys.exit(0)

    # Download all of the tenants
    print("TENANT")
    print("------")
    tenants = ACI.Tenant.get(session)
    for tenant in tenants:
        print(tenant.name)
```

```
if __name__ == '__main__':
    main()
```

我們可以用上面這段程式為基礎，來加強並確保被管理裝置正確的被中央控制器所管理，而且可以符合我們的需求，不被硬體所限制。我們同樣可以為各個不同的應用程序，為基礎架構進行最佳化，不會讓我們的應用程序被硬體限制了它們的效能。

網路自動化工具

如同前一章所介紹的，現在有許多軟體都可以用來做網路自動化。從最基礎的，可以用在所有裝置的 Netmiko，到可以用來部署和建立跨裝置設定檔案的 Ansible，工程師可以基於需求選擇適合他們的軟體。

Python 受到自由社群的支持，得以支援許多的廠商以及協定，因為這些特性，在自動化的腳本當中，廣泛地使用了 Python。甚至到了近期，各個主要廠商都為了 Python，推出自行調校過的官方版工具。使用網路自動化的另一個因素，是可以基於各自的組織，定義出適合自己組織的網路架構符合組織的需求。我們可以開始把目前利用手動做的日常維護，轉換為 API，成為自助服務的 API，作為一個好的開始，我們可以利用任何語言來作到自動化，達到我們的需求。

接下來這個範例，可以幫助我們理解建立自動化工具的好處在哪裡。Cisco 的指令 show ip bgp summary 與 Juniper 的指令 show bgp summary 會輸出一樣的內容，如果工程師需要從這兩家取得並驗證內容的話，它必須知道兩家供應商的指令以及它們的輸出格式。

如果我們之後加入了更多供應商，且每一家都有屬於自己的方式來取得 BGP 相關的資料，之後如果要從這一堆裝置之中取得並比對它們之間的 BGP 內容，難度就會增加許多。

假設我們建立了一個 API 像是 getbgpstatus，只要給它主機名稱作為輸入，這個 API 背後就會利用 SNMP 來取得裝置的型號，然後根據不同的供應商送出不同的專屬指令，並且把不同的格式分析成為人類可讀的格式，像是只留下 IP 位址以及顯示出 BGP 鄰居的狀態。

像是下面這樣，取代原始的輸出，只輸出像是下面的格式：

```
IPaddress1 : Status is UP
IPaddress2 : Status is Down (Active)
```

當然，也可以將呼叫這個 API 的輸出，設計成 JSON 格式。

假設我們可以透過 http://localhost/networkdevices/getbgpstatus?device=devicex 呼叫我們的 API，而 API 就會開始依據供應商是 Cisco 或是 Juniper 或是其他的廠商，來取得並分析裝置的輸出。這個 API 的回傳值會是 JSON 格式，類似我們在前一個範例看到的，所以我們就可以在我們的腳本中分析使用它。

讓我們看另一個工具 SolarWinds 的例子，它可以基於 SNMP 以及 MIB，用來自動發現網路上的裝置，確認裝置的供應商，並且從裝置上取得相關的可用資訊。

底下是一部分有關 SolarWinds 裝置管理的截圖，SolarWinds 可以免費下載試用版。

有關 SolarWinds 的裝置管理前置作業如下。

　　1. 加入裝置到 SolarWinds 中，如下圖：

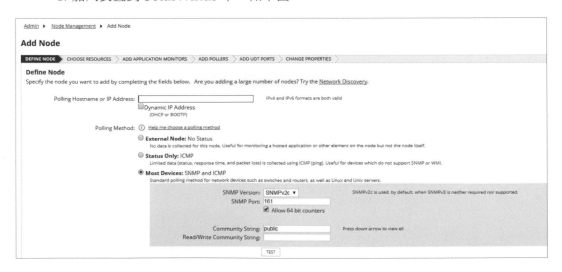

如同在圖中看到的，SolarWinds 可以利用網路探索（network discovery）來自動找到網路上的裝置，我們也可以指定正確的 IP 位址或主機名稱，以及 SNMP 字串給 SolarWinds 來偵測裝置。

2. 裝置被偵測到之後，會顯示在監控節點中，如下圖：

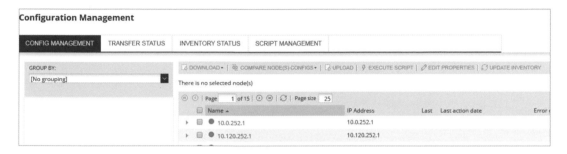

可以看到 IP 或是主機名稱前面的綠點，代表該節點是正常可連接，並且 SolarWinds 可以正常的跟節點溝通並取得資料。

我們可以在連接到節點之後，做其他的設定：

一旦我們可以連接到節點，或是被 SolarWinds 偵測到之後，我們可以在 SolarWinds 做其他設定，如下圖：

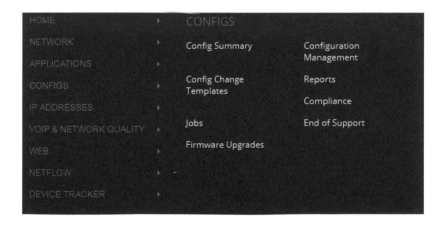

我們點選 **CONFIGS** 選單，可以在這裡執行有關裝置的設定管理，而從下圖中可以看到，我們也可以建立腳本（在這裡我們是執行 `show running config`），可以用來執行在 SolarWinds 所管理的裝置上，如下圖：

執行之後的結果可以存成文字檔，或是可以做成報告寄出 email。這裡也可以定期的執行某些任務（在 SolarWinds 中稱為 **jobs**），如下圖：

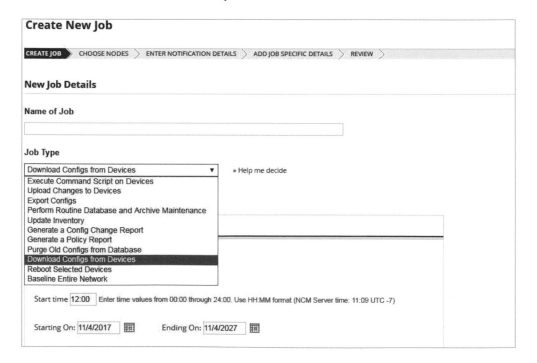

從圖中可以看到，我們可以定期的從部份裝置或是所有裝置中下載設定檔，下載並備份設定檔。當你需要回復到某一天或是回復到最後一份已知正確的設定檔的時候，這個功能會幫上很大的忙。SolarWinds 也可以符合稽核需求，知道誰改了什麼，或是誰改了設定檔的時候，適時的寄出警報或報告。我們也可以透過 Python 腳本來呼叫 SolarWinds API 取得需要的結果。

這是假設我們已經裝好了 OrionSDK 的狀況下，如果沒有安裝，可以使用指令 `pip install orionsdk` 來安裝。

看看以下範例：

```
from orionsdk import SwisClient
import requests

npm_server = 'myserver'
username = "username"
password = "password"

verify = False
if not verify:
    from requests.packages.urllib3.exceptions import InsecureRequestWarning
    requests.packages.urllib3.disable_warnings(InsecureRequestWarning)

swis = SwisClient(npm_server, username, password)

results = swis.query("SELECT NodeID, DisplayName FROM Orion.Nodes Where Vendor= 'Cisco'")

for row in results['results']:
    print("{NodeID:<5}: {DisplayName}".format(**row))
```

由於 SolarWinds 支援 SQL 查詢，我們可以用以下語法來查詢：

```
SELECT NodeID, DisplayName FROM Orion.Nodes Where Vendor= 'Cisco'
```

我們嘗試從所有 Cisco 的裝置上，取得 NodeID（節點識別碼）與 DisplayName（顯示名稱），當程式取得結果之後，會將結果解析之後再做輸出。以此範例來說，輸出結果如下（假設我們在 SolarWinds 底下的 Cisco 裝置有 mytestrouter1 和 mytestrouter2）：

```
>>>
==================== RESTART: C:\a1\checksolarwinds.py
====================
101 : mytestrouter1
102 : mytestrouter2
>>>
```

我們可以利用類似的自動化工具以及 API，來減輕日常需要執行的基本或是核心作業（像是從裝置中取得某些值之類），並且確保它可以正常的運作。

接下來，要建立另一個自動化工具，利用 ping 測試，來監控我們可以接觸到的所有裝置，我們把這工具叫做 PingMesh 或是 PingMatrix，因為這個工具會產生各個路由器的連接狀態陣列圖。

我們使用的網路拓墣如下圖：

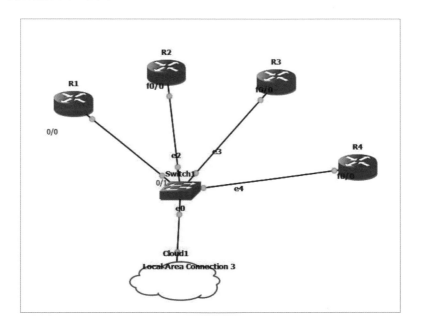

從圖中可以看到四台路由器（R1 到 R4），而我們從 Cloud1 來監控各台路由器。每台路由器都會藉由 ping 來測試對方還在不在，並且回報給 Cloud1 機器上所執行的腳本，而 Cloud1 會分析完結果並產生一個矩陣圖顯示在網頁上。

以下解釋詳細的流程：

1. 我們會嘗試登入每台路由器（最好是平行執行），從各台路由器 ping 除了自己之外的其他路由器，並且回報結果。

2. 作為範例，如果我們以人工處理這件事，需要登入 R1 嘗試 ping R2、R3、R4 來看回應狀況。而在 Cloud1（作為控制器）上的腳本會檢視結果並更新矩陣圖。

3. 在這個範例中，所有的路由器以及控制器，都在 192.168.255.x 的網路區段內，所以它們之間可以使用 ping 來確認回應狀況。

現在我們要建立兩個 Python 程式，其中一個作為函式庫，用來在各節點上執行指令、從節點上取得結果、分析產生的結果、傳送分析完的資料到主程式中，另一個主程式用來呼叫這個函式庫，並且將產生的結果用來建立 HTML 網頁上的矩陣圖。

現在，開始建立要給主程式呼叫的函式庫（檔名為 getmeshvalues.py）：

```python
#!/usr/bin/env python
import re
import sys
import os
import time
from netmiko import ConnectHandler
from threading import Thread
from random import randrange
username="cisco"
password="cisco"

splitlist = lambda lst, sz: [lst[i:i+sz] for i in range(0, len(lst), sz)]

returns = {}
resultoutput={}
devlist=[]
cmdlist=""
def fetchallvalues(sourceip,sourcelist,delay,cmddelay):
    print ("checking for....."+sourceip)
    cmdend=" repeat 10" # this is to ensure that we ping for 10 packets
```

```
    splitsublist=splitlist(sourcelist,6) # this is to ensure we open not
more than 6 sessions on router at a time
    threads_imagex= []
    for item in splitsublist:
        t = Thread(target=fetchpingvalues,
args=(sourceip,item,cmdend,delay,cmddelay,))
        t.start()
        time.sleep(randrange(1,2,1)/20)
        threads_imagex.append(t)

    for t in threads_imagex:
        t.join()
def fetchpingvalues(devip,destips,cmdend,delay,cmddelay):
    global resultoutput
    ttl="0"
    destip="none"
    command=""
    try:
        output=""
        device = ConnectHandler(device_type='cisco_ios', ip=devip,
username=username, password=password, global_delay_factor=cmddelay)
        time.sleep(delay)
        device.clear_buffer()
        for destip in destips:
            command="ping "+destip+" source "+devip+cmdend
            output =
device.send_command_timing(command,delay_factor=cmddelay)
            if ("round-trip" in output):
                resultoutput[devip+":"+destip]="True"
            elif ("Success rate is 0 percent" in output):
                resultoutput[devip+":"+destip]="False"
        device.disconnect()
    except:
        print ("Error connecting to ..."+devip)
        for destip in destips:
            resultoutput[devip+":"+destip]="False"

def getallvalues(allips):
    global resultoutput
    threads_imagex= []
    for item in allips:
        #print ("calling "+item)
        t = Thread(target=fetchallvalues, args=(item,allips,2,1,))
        t.start()
        time.sleep(randrange(1,2,1)/30)
        threads_imagex.append(t)
```

```
    for t in threads_imagex:
        t.join()
    dnew=sorted(resultoutput.items())
    return dnew

#print
(getallvalues(["192.168.255.240","192.168.255.245","192.168.255.248",
"192.168.255.249","4.2.2.2"]))
```

在這段程式碼中,我們建立了三個函式,函式 getallvalues 用來從給定的 IP 位址列表中的 IP 取得資料,接著將資料連同主機名稱傳遞給 fetchallvalues 函式,用來平行的對給的所有主機執行 ping 的動作,接著執行 fetchpingvalues 函式在路由器上執行指令並取得結果。

讓我們看一下這段程式碼執行之後(取消掉註解來呼叫函式執行)會出現什麼,我們需要將要查看的 IP 做成列表傳進函式。在範例中,我們的路由器位於 192.168.255.x,以及利用一台不存在的路由器位於 4.2.2.2 來看我們程式的執行狀況:

程式的執行結果如下:

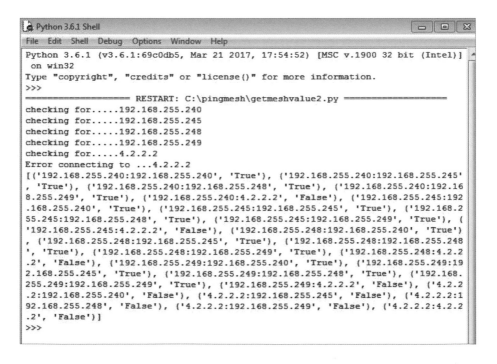

從圖中可以看到，每台路由器能不能連接到彼此，回報在後面的布林值（True 或 False）。

例如，第一個項目印出了 ('192.168.255.240:192.168.255.240','True')，代表從來源 192.168.255.240 到目的地 192.168.255.240 是可以接通的。同樣的，下一個項目 ('192.168.255.240:192.168.255.245','True') 代表從 192.168.255.240 到目的地 192.168.255.245 之間可以利用 ping 來溝通及回應。在製作陣列表的時候會需要用到這些資訊，接著我們看一下主程式的部分，看它如何利用這些資料建立出矩陣圖。

接著，開始建立主程式（檔名命名為 pingmesh.py）：

```python
import getmeshvalue
from getmeshvalue import getallvalues

getdevinformation={}
devicenamemapping={}
arraydeviceglobal=[]
pingmeshvalues={}

arraydeviceglobal=["192.168.255.240","192.168.255.245","192.168.255.248",
"192.168.255.249","4.2.2.2"]

devicenamemapping['192.168.255.240']="R1"
devicenamemapping['192.168.255.245']="R2"
devicenamemapping['192.168.255.248']="R3"
devicenamemapping['192.168.255.249']="R4"
devicenamemapping['4.2.2.2']="Random"

def getmeshvalues():
        global arraydeviceglobal
        global pingmeshvalues
        arraydeviceglobal=sorted(set(arraydeviceglobal))
        tval=getallvalues(arraydeviceglobal)
        pingmeshvalues = dict(tval)

getmeshvalues()

def createhtml():
    global arraydeviceglobal
    fopen=open("C:\pingmesh\pingmesh.html","w") ### this needs to be
changed as web path of the html location

    head="""<html><head><meta http-equiv="refresh" content="60" ></head>"""
    head=head+"""<script type="text/javascript">
```

```
function updatetime() {
    var x = new Date(document.lastModified);
    document.getElementById("modified").innerHTML = "Last Modified: "+x+"
";
}
</script>"""+"<body onLoad='updatetime();'>"
    head=head+"<div style='display: inline-block;float: right;font-size:
80%'><h4><h4><p id='modified'></p></div>"
    head=head+"<div style='display: inline-block;float: left;font-size:
90%'></h4><center><h2>Network Health Dashboard<h2></div>"
    head=head+"<br><div><table border='1' align='center'><caption><b>Ping
Matrix</b></caption>"
    head=head+"<center><br><br><br><br><br><br><br><br>"
    fopen.write(head)
    dval=""
    fopen.write("<tr><td>Devices</td>")
    for fromdevice in arraydeviceglobal:
        fopen.write("<td><b>"+devicenamemapping[fromdevice]+"</b></td>")
    fopen.write("</tr>")
    for fromdevice in arraydeviceglobal:
        fopen.write("<tr>")
        fopen.write("<td><b>"+devicenamemapping[fromdevice]+"</b></td>")
        for todevice in arraydeviceglobal:
            askvalue=fromdevice+":"+todevice
            if (askvalue in pingmeshvalues):
                getallvalues=pingmeshvalues.get(askvalue)
                bgcolor='lime'
                if (getallvalues == "False"):
                    bgcolor='salmon'
            fopen.write("<td align='center' font size='2' height='2'
 width='2' bgcolor='"+bgcolor+"'title='"+askvalue+"'>"+"<font color='white'
><b>"+getallvalues+"</b></font></td>")
        fopen.write("</tr>\n")
    fopen.write("</table></div>")
    fopen.close()
createhtml()


print("All done!!!!")
```

在範例中，我們在程式中建立了一個對應表：

```
devicenamemapping['192.168.255.240']="R1"
devicenamemapping['192.168.255.245']="R2"
devicenamemapping['192.168.255.248']="R3"
devicenamemapping['192.168.255.249']="R4"
devicenamemapping['4.2.2.2']="Random"
```

我們將最後一個裝置命名為 Random，是用來測試如果程式遇到無法連接的裝置的狀況。程式執行完畢後，會建立一個 pingmesh.html 的檔案，內容是標準的 HTML 格式，包含了一個 JavaScript 用來重新整理網頁，確保每次都看到最新的結果。這是因為我們會定期執行這個腳本（假設每五分鐘執行一次），這樣才能確保每個開啟這個 HTML 頁面的人都可以看到最新的偵測結果。這個 HTML 需要被放在一個網頁伺服器可以存取到的資料夾，這樣才能被使用者從網址 http://<server>/pingmesh.html 存取到。

Python 腳本執行時的結果如下：

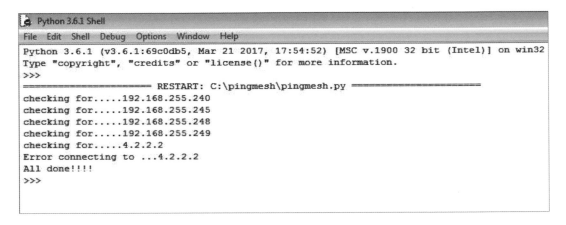

產生出來的 HTML 透過瀏覽器開啟，如下圖：

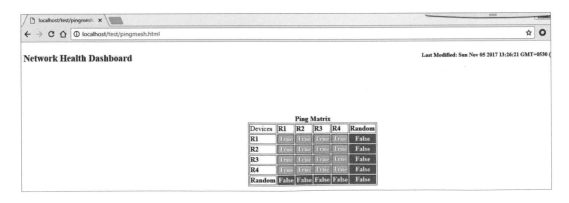

如同在圖中所看到的，在 PingMatrix 中有一行和一列是紅色的，代表從任何一台路由器到 Random 路由器，以及從 Random 路由器到其他路由器都是不通的。綠色代表路由器之間的連線正常。

我們也設計了一個小工具，當你的滑鼠停在格子上時，會顯示出這個格子所代表的來源 IP 位址以及目的地 IP 位址，可以跟格子旁邊的 IP 位址做對照，如下圖：

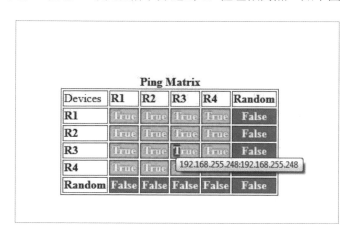

讓我們看一下，如果我們把 R2 路由器關閉之後，會變成什麼樣子：

Ping Matrix

Devices	R1	R2	R3	R4	Random
R1	True	False	True	True	False
R2	False	False	False	False	False
R3	True	False	True	True	False
R4	True	False	True	True	False
Random	False	False	False	False	False

如同我們在圖中看到的，現在跟 R2 有關的行跟列都變成紅色了，代表 PingMatrix 顯示了 R2 不管從哪裡都無法接通，而且 R2 也沒辦法接到其他的網路裝置。

讓我們看最後一個例子，為了測試，我們在內部利用 Cisco 的延伸 ACL 來模擬 R2，及 R2 在連線上有狀況的時候，矩陣圖上會怎麼顯示：

Ping Matrix

Devices	R1	R2	R3	R4	Random
R1	True	True	True	True	False
R2	True	True	True	False	False
R3	True	True	True	True	False
R4	True	False	True	True	False
Random	False	Fa[...192.168.255.249:192.168.255.245]			

在圖中可以看到，因為路由器 Random 不在我們的網路中，在行列上都是紅色，不過現在可以看到 R2 到 R4 以及 R4 到 R2 現在也顯示成了紅色（連線失敗）的狀態。透過矩陣圖，可以讓我們很快速地掌握到每個節點到其他節點的狀態，知道節點間是不是有任何問題發生。

透過前一個例子，我們加強了監控工具，可以更快地知道節點間是不是有路由或連線的問題，甚至是實體線路斷線的狀況，讓我們對整個網路有整體性的了解。如果再加上 syslog 或是 email 功能的話（有專門的 Python 函式庫用來傳送 syslog 訊息或是 email 寄信出來），工程師可以主動地採取行動，在網路發生嚴重問題之前就解決問題，提高網路的可用性以及增加正常運行的時間。

結語

在本章，我們學到了有關 SDN 控制器的基礎功能，對 network fabric 做了程式化，以及建構了有關網路自動化的相關工具。也透過實際的例子，用 Python 來管理 AWS 雲端平台，知道了如何自動化的操作雲端環境。

藉由一些 Cisco 控制器的範例，我們對控制器在網路中所扮演的角色有了更深刻的認識，也知道了控制器在執行相關程序，以及被呼叫時的所有相關細節。同時也知道了目前熱門的網路自動化工具（像是 SolarWinds）的基礎概念，並且建立了網頁版的矩陣圖（可以稱為 PingMatrix 或是 PingMesh），用來監控網路狀態。

Practical Network Automation 中文版｜使用 Python、Powershell、Ansible 實踐網路自動化

作　　　者：Abhishek Ratan
譯　　　者：陳煒勝
企劃編輯：莊吳行世
文字編輯：王雅雯
設計裝幀：張寶莉
發 行 人：廖文良

發 行 所：碁峰資訊股份有限公司
地　　　址：台北市南港區三重路 66 號 7 樓之 6
電　　　話：(02)2788-2408
傳　　　真：(02)8192-4433
網　　　站：www.gotop.com.tw
書　　　號：ACN033600
版　　　次：2019 年 03 月初版
建議售價：NT$480

國家圖書館出版品預行編目資料

Practical Network Automation 中文版：使用 Python、Powershell
、Ansible 實踐網路自動化 / Abhishek Ratan 原著；陳煒勝譯.
-- 初版. -- 臺北市：碁峰資訊, 2019.03
　　面；　　公分
　　譯自：Practical Network Automation
　　ISBN 978-986-502-048-4(平裝)

　　1.電腦網路

312.16　　　　　　　　　　　　　　　　108001518